D1727899

Nette
Skelette

© 2017 Text Jan Paul Schutten
© 2017 Fotos Arie van 't Riet

Biologische Beratung: Geert-Jan Roebers

Originally published under the title *Binnenstebinnen* by Uitgeverij J. H. Gottmer/
H. J. W. Becht B.V., Haarlem, The Netherlands; a division of Gottmer Uitgeversgroep B.V.

Für die deutsche Ausgabe:
© 2020 Mixtvision Verlag, Leopoldstraße 25, 80802 München
www.mixtvision.de
Alle Rechte vorbehalten.
Übersetzung: Birgit Erdmann und Verena Kiefer
Grafik: Julia Herrmann
Druck und Bindung: Himmer GmbH, Augsburg

ISBN: 978-3-95854-158-0

Diese Publikation wurde finanziell unterstützt von der
Niederländischen Stiftung für Literatur.

Nederlands letterenfonds
dutch foundation for literature

nette
skelette

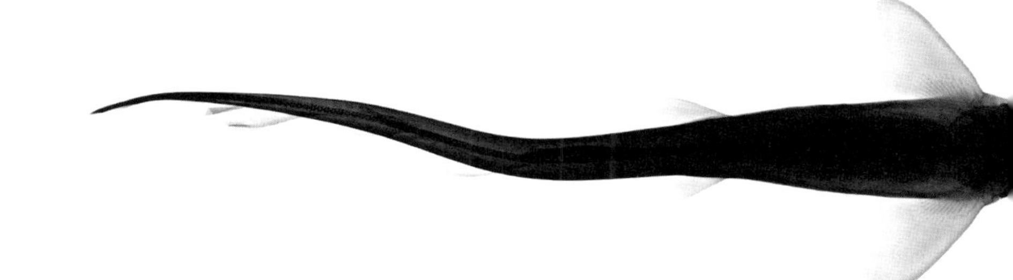

röntgenbilder von tieren und pflanzen

arie van 't riet &
jan paul schutten

aus dem niederländischen
von birgit erdmann
und verena kiefer

Inhalt

Reptilien

Vögel

Säugetiere

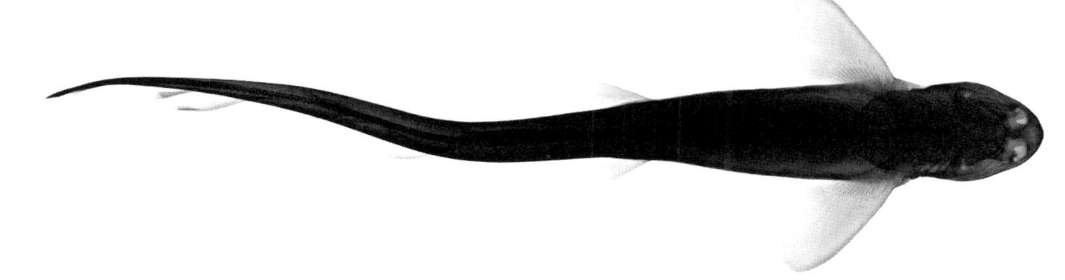

Ein Wort vorab ...

Dieses Buch ist ungewöhnlicher als du denkst.

Schau dich mal in einer Buchhandlung oder Bibliothek um: Da wirst du nicht viele Bücher mit Röntgenbildern finden. Und schon gar nicht so tolle! Man darf Röntgenbilder nämlich gar nicht einfach so machen, dafür gibt es strenge Regeln. Trotzdem ist es Arie van 't Riet gelungen, eine große Menge wunderschöner Aufnahmen zusammenzustellen.

Arie hat jahrelang im Krankenhaus gearbeitet und dabei geholfen, unzählige Röntgenaufnahmen zu machen. Die Fotos in diesem Buch stammen jedoch nicht aus dem Krankenhaus, sondern aus seiner eigenen Werkstatt. Und das darf man normalerweise nicht, weil solche Fotos nicht ganz ungefährlich sind. Wenn du einmal eine Röntgenaufnahme von deinem Gebiss oder einem gebrochenen Knochen machen lässt, kann wenig schiefgehen. Aber wenn das häufig vorkommt, kann die Strahlung gefährlich werden. Darum muss der Raum, in dem die Fotos gemacht werden, besonders gesichert werden. Außerdem müssen deine Aufnahmen einen Zweck haben. Einfach so zum Spaß sind sie nicht erlaubt.

Als dann vor vielen Jahren ein Röntgengerät aus dem Krankenhaus ausgemustert wurde, hat Arie gefragt, ob er es haben dürfe. So konnte er in seiner Werkstatt üben und lernen, wie seine Fotos noch besser werden. Außerdem entsprach Aries Werkstatt allen Sicherheitsanforderungen. Mit seinem Röntgengerät konnte Arie alles machen, was in einem Krankenhaus normalerweise nicht üblich ist. So kamen Kunstsammler zu ihm, die wissen wollten, ob ihre Gemälde auch wirklich echt waren. Mit einem Röntgengerät kann man nämlich unter die oberste Farbschicht schauen und überprüfen, ob das Gemälde so entstanden ist, wie die Künstler in ihrer Zeit malten. Außerdem konnte man Arie auch einen kaputten Kopfhörer bringen. Auf den Röntgenbildern konnte er ganz genau zeigen, an welcher Stelle das Kabel gebrochen war. Aber vor allem übte er das Röntgen von Tieren und Pflanzen.

Gerade wenn er ein Tier mit dickem Fell neben ein sehr zartes Blütenblatt legte, konnte Arie seine Technik verbessern. So lernte er nicht nur, bessere Fotos zu machen, sondern entdeckte auch, wie besonders diese

Kombination von Tieren und Pflanzen war. Das brachte ihn auf die Idee, seine Übungsfotos so künstlerisch wie möglich zu gestalten.

Natürlich wollte Arie mit möglichst vielen Tieren üben, aber das war schwierig. Insekten findet man überall, das war kein Problem. Und Fische kauft man beim Fischhändler. Aber sonst? Man darf nicht einfach so Tiere aus der Natur mit nach Hause nehmen. Wilde Tiere sind auch dann geschützt, wenn sie bereits tot sind. Deswegen musste Arie jedes gefundene Tier erst melden, bevor er es mit nach Hause nehmen durfte, sogar die ganz kleinen. Er gehört zu den wenigen Menschen, die man mit einer toten Maus sehr glücklich machen kann!

Die Tiere auf den Fotos in diesem Buch leben also nicht mehr. Es wäre auch nicht leicht, sie für das Foto so lange still zu halten. Natürlich hat Arie kein einziges Tier für dieses Buch getötet. Meistens fand er sie überfahren an der Straße und manchmal kaufte er sie von Menschen, die Tiere ausstopfen. Die Reptilien stammen meist von Menschen, die ihr verstorbenes Haustier zu Arie brachten.

Die Fotos in diesem Buch sind alle echt. Doch Arie hat sich bestimmte Körperhaltungen überlegt, um sie noch spannender zu machen, und den Schwarzweißbildern hat er hier und da ein wenig Farbe mitgegeben. Aber alles, was du sonst hier siehst, entspricht der Wirklichkeit. Jeder Zahn, jeder kleine Knochen, jeder Schädel ist so, wie er war, und wurde nicht am Computer nachbearbeitet. Daher siehst du auch, dass manchmal ein Insektenflügel nicht mehr ganz intakt ist oder dass einer Pflanze vielleicht ein paar Blättchen fehlen. Aber auch das ist die Natur und das macht die Fotos erst recht besonders schön.

Als Arie mir seine Fotos schickte, war mir sofort klar, dass man daraus ein ungewöhnliches Buch machen konnte. Die Texte dazu wollte ich daher nur zu gerne schreiben. Sie vermitteln dir zusätzliche Informationen über die Tiere, damit du weißt, was du da siehst. Aber vor allem sollen sie dir helfen, die Fotos ganz genau zu betrachten. Denn hier hast du die Chance zu sehen, was normalerweise immer verborgen bleibt. Und diese Chance solltest du mit beiden Augen ergreifen!

Jan Paul Schutten, Amsterdam 2017

Halt, warte mal! Was sind Röntgenbilder eigentlich?

Röntgenstrahlung ist elektromagnetische Strahlung. Das klingt kompliziert, aber das Licht um dich herum besteht ebenfalls aus elektromagnetischer Strahlung. Nur geht Licht nicht wie Röntgenstrahlen mitten durch deinen Körper. Das liegt daran, dass Röntgenstrahlen eine höhere Energie haben. Vergleiche es einmal mit einem Sprung ins Wasser: Wenn du vom Schwimmbeckenrand ins Wasser springst, dringst du nicht sehr tief ins Wasser ein. Aber wenn du vom Fünfmeterbrett springst, hast du mehr Energie und tauchst viel tiefer ein. So kannst du dir auch die Wirkung von Röntgenstrahlen vorstellen. Die Strahlung ist jedoch auch wiederum nicht so energiegeladen, dass sie alles durchdringen kann: Stabiles Material wie Knochen oder Zähne halten die Strahlen ab. Daher kannst du auf einem Röntgenbild auch genau sehen, ob dein Bein nun gebrochen ist oder nicht ...

Weil die Strahlung erst deinen Körper durchdringen muss, funktioniert eine Röntgenaufnahme anders als bei normalen Fotos. Auf der einen Seite ist das Röntgengerät, das die Strahlung aussendet. Dazu kommt die Person, die dich fotografiert. Und dann braucht man einen Röntgenfilm, der die Strahlung auffängt und in ein Röntgenbild umwandelt. Die Teile, die die Strahlung abhalten, sind dann hell, der Rest ist dunkel. Am Computer kannst du Weiß und Schwarz auch austauschen. Dann werden die Knochen dunkel und die weichen Teile hell.

Wenn du Röntgenbilder machst, kannst du mit der Energie spielen, die die Strahlung liefert. Je höher die Energie, desto leichter können die Strahlen etwas durchdringen. Wenn du also ein Foto von hartem Material machen möchtest, nutzt du Röntgenstrahlung mit einer hohen Energie. Für weiches oder dünnes Material brauchst du Röntgenstrahlen mit niedriger Energie. Das Tolle an Aries Arbeit ist, dass er genau die richtige Kombination aus hoher und niedriger Energie nutzt, damit er in einer einzigen Aufnahme sowohl hauchdünne Blütenblätter als auch stabile Knochen und Zähne abbilden kann.

So, dann können wir jetzt endlich loslegen!

Gliederfüßer und Weichtiere

Ist der niedlich!

Die Welt ist ungerecht. Kaum kommt ein kleiner Bär auf die Welt, rufen alle: „Ach, ist der niedlich!" Aber dieser Skorpion sieht so gruselig aus, dass ihn niemand niedlich findet. Doch so gruselig ist er eigentlich nicht, schon gar nicht im Vergleich zu seinen fernen Vorfahren. Vor etwa 430 Millionen Jahren gab es Skorpione, die bis zu einem Meter lang wurden … Dieser kleine Enkel aber? Na, komm schon. Vielleicht findest du das Tier ja etwas netter, wenn du mehr über es erfährst. Mit welcher Tierart ist der Skorpion wohl am nächsten verwandt? Mit Spinnentieren wie der Vogelspinne? Mit Insekten wie Fliegen und Wespen? Oder mit Krebstieren wie den Krabben? Überlege dir deine Antwort gut. Und schau noch einmal genau hin.

Bedecke den langen Schwanz einmal mit deiner Hand. Und nun lege die andere auf die riesigen Vorderbeine. Was siehst du jetzt für ein Tier? Na klar: Skorpione sind enger mit Spinnen verwandt als mit Krebsen. Wieso? Spinnen haben acht Beine, genau wie dieser Skorpion. Die „Vorderbeine" mit den Furcht einflößenden Scheren sind nämlich gar keine Beine, sondern aus den Kieferklauen wachsende Fühler. Man nennt sie Pedipalpen. Sie setzen seitlich am Maul an und nicht wie seine Beine am Körper. Bei seiner fernen Cousine, der Vogelspinne, ist das genauso. Bei ihr wachsen auch zwei Fortsätze am Kopf. Das sind die gleichen Pedipalpen.

Skorpione sind nicht so gruselig. Aber gefährlich sind sie schon, oder? Ja! Zumindest für Heuschrecken oder Kakerlaken. Denn mit dem Gift aus dem Stachel am Ende ihres Schwanzes schalten sie ihre Beute blitzschnell aus. Dir werden sie aber nichts tun. Es gibt hunderte Skorpionarten auf der Welt und von denen sind nur eine Handvoll tödlich für den Menschen. Und überhaupt stechen sie niemals grundlos zu. Das tun sie nur, wenn man sie in die Enge treibt. In den meisten Fällen ist ein Skorpionstich auch nicht schlimmer als der einer Biene oder Wespe. Gefallen dir Skorpione nun etwas besser? Nein? Auch nicht, wenn du weißt, dass die Mütter sich rührend um ihre Jungen kümmern und sie auf dem Rücken mit sich herumtragen, bis sie groß genug sind, um für sich selbst zu sorgen? Jetzt vielleicht? Immer noch nicht? Gut, wahrscheinlich hast du Recht.

Unterwasserritter

Schwimmende Ritter, genau das sind Riesengarnelen. Eingepackt in eine robuste, rostfreie Rüstung mit langen, tödlichen Peitschen als Waffen. Doch in Wahrheit sind das bloß vollkommen ungefährliche Fühler. Garnelen haben ein äußeres Skelett, wir hingegen ein inneres. Wie du hier siehst, befindet sich kein einziger Knochen in ihrem Leib, der sie schützen könnte. Eigenartig, oder? Aber nein, die meisten Tiere auf der Erde haben anstelle eines Gerippes einen Panzer. Garnelen und Skorpione, aber auch Spinnen, Wespen, Fliegen und alle anderen Insekten. Bei Schnecken glaubt man es sofort.

Was glaubst du, warum sich unser Schutzschild im Inneren befindet? Stell dir mal vor, dein Schädel wäre wie ein Helm, dann würde ein Schlag auf den Kopf viel weniger wehtun. Oder wir hätten statt Rippen eine kugelsichere Weste, die unser Herz und die Lunge schützt. Ganz schön praktisch. Na ja … wie oft im Leben hast du denn bisher eine kugelsichere Weste benötigt? Bestimmt noch nie. Und so ein Ding wiegt schon ein paar Kilo, was auch nicht gerade von Vorteil ist. Die Rüstung eines echten Ritters ist bleischwer. Außerdem: Wenn du wächst, muss dein Panzer natürlich mitwachsen. Wenn gepanzerte Tiere größer werden, stoßen sie ihre zu klein gewordene alte Schicht ab, während sich gleichzeitig eine neue, größere Schicht bildet. Was für ein Aufwand. Also ist es doch gut, wie wir sind, und wir sollten uns nicht beklagen. Übrigens sind auch die Garnelen äußerst zufrieden, denn sie brauchen überhaupt keine Knochen zum Schutz.

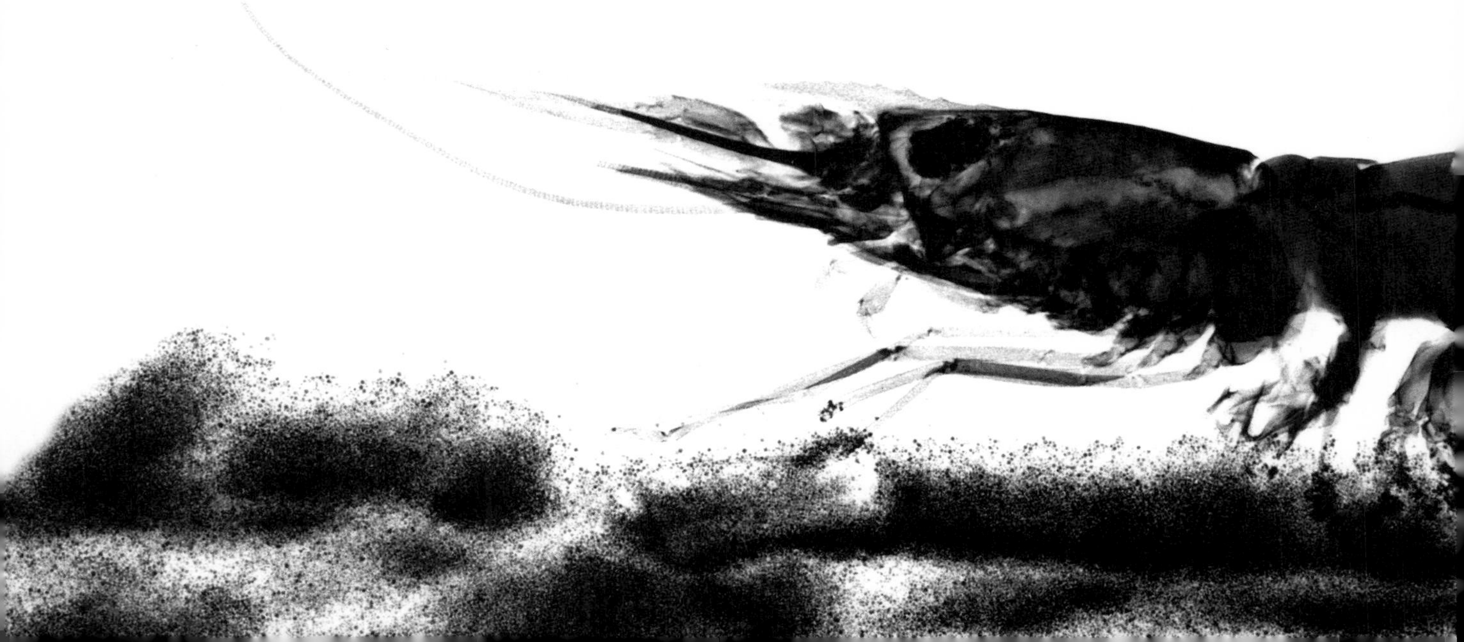

Schade nur, dass sie aus genau diesem Grund nicht so gut für eine Röntgenaufnahme taugen, denn bei so einem Außenskelett gibt das Innere nicht viel her. Röntgenstrahlen gehen nämlich quer durch die Weichteile eines Lebewesens hindurch, nur feste Körperteile wie Knochen halten sie auf. Darum ist hier auf diesen Röntgenbildern auch nicht viel zu erkennen. Nur der dunkle Strich, der durch den Leib bis zum Schwanz verläuft. Das ist der Darm. Der ist zwar auch weich, doch der Kot darin besteht aus kleinen, festen Essensresten. Und die fallen auf! So ein Garnelendarm ist genau wie unserer sehr lang. Bei uns liegt er allerdings wie ein aufgewickelter Wollknäuel im Bauchraum.

Schauen wir uns jetzt einmal die Beine an. Garnelen gehören zur Familie der Decapoda, den Zehnfüßern. Komm, wir zählen mal nach. Eins, zwei, drei … acht, neun, zehn, elf, zwölf, dreizehn … hä? Garnelen haben zwanzig Beine! Fünf lange Paare vorne und fünf kurze Paare hinten. Aber was sollen sie denn mit ihren Beinen im Wasser machen? Dort kann man doch gar nicht laufen. Warum haben sie denn keine Flossen zum Schwimmen? Hm. Aber schau hin, das Röntgenbild zeigt sehr gut, warum.

Denn es handelt sich nicht um Beine. Die hinteren Paare sind „Schwimmbeine" oder auch Flossen. Und wenn wir diese zehn Flossen von den zwanzig Beinen abziehen, kommen wir wieder auf zehn. Aber was stellen sie nun eigentlich mit ihren echten Beinen an? Mit denen laufen sie, wenn sie den Boden erkunden. Und sie greifen und graben damit. Wenn sie gerade nichts vorhaben, hocken sie am liebsten unter Sand. Dort sind sie unsichtbar. Denn die Rüstung schützt die Garnelen gegen viele, jedoch nicht gegen alle Raubtiere. Es gibt genügend Feinde, die eine Garnele in einem Happen mit Panzer und allem Drum und Dran hinunterschlingen. Es ist also ganz praktisch, so viele Beine zu haben, doch wenn nicht eines davon stark genug ist, um eine Hellebarde oder ein Schwert festzuhalten, hat selbst ein Garnelenritter keine Chance.

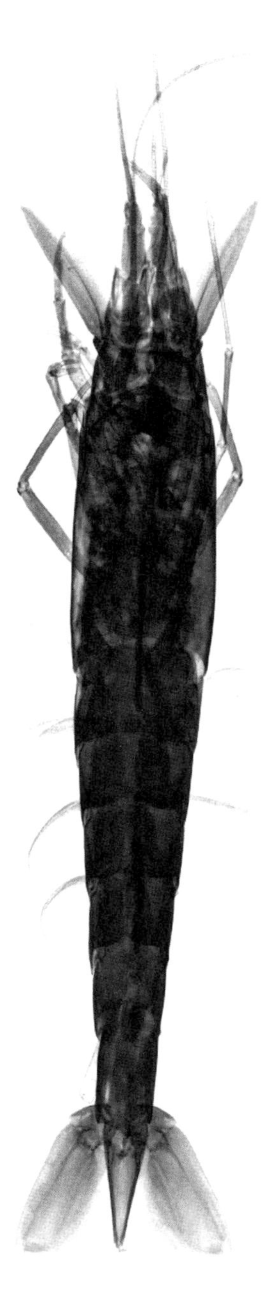

Summende Sanduhr

Angeblich soll die Idealfigur eines Menschen wie die Form einer Sanduhr sein: Die Taille ist dann im Verhältnis zum restlichen Körper so schmal wie möglich. In Zeiten des Korsetts hatten Frauen besonders schmale Taillen, so genannte Wespentaillen. Und wenn es ein Tier mit einer schmalen Taille gibt, dann die Wespe. Schau dir mal das Tier auf dem Foto an und vergleiche es mit einer dicken Hummel. Ein himmelweiter Unterschied, oder?

Stimmt nicht. Wie gut, dass es Röntgenbilder gibt, denn auf dem Foto sieht man gar keine Wespe, sondern eine Hummel! Hummeln haben nämlich genauso eine Taille wie Wespen. Nur scheinen sie durch ihren flauschigen Pelz viel pummeliger zu sein als in Wahrheit. Sei froh, denn sie macht diese Tiere extrem verletzlich. Unterleib und Brust sind nur durch ein paar winzige Muskeln und Knochen miteinander verbunden. Genau wie Kopf und Rumpf. Eigentlich sind es drei lose, miteinander verbundene Körperteile.

So lustig ist es also nicht, eine Hummel zu sein. Allerdings haben sie ein Sinnesorgan, auf das man neidisch sein kann: die Fühler an ihrem Kopf, die tausendfach kleiner als ein Smartphone sind und doch wunderbar dafür geeignet, um nicht nur zu hören, sondern auch zu fühlen, zu schmecken und zu riechen. Was sagst du? Nein, damit kann man kein WLAN empfangen, aber das stört die Hummel nicht, denn sie interessiert sich mehr für Nektar als für Netflix.

Geborene Flugakrobatin

Flugzeugkonstrukteure haben Maschinen gebaut, die mit Leichtigkeit 7000 Kilometer pro Stunde fliegen können. Sie haben Maschinen gebaut, die ohne auftanken zu müssen die Welt umrunden. Maschinen, die auf dem Radar unsichtbar sind. Maschinen, die 500 Passagiere transportieren. Doch kein Mensch hat jemals ein Flugzeug entworfen, das einer Libelle gleicht. Ausnahmslos alle Flugzeugkonstrukteure platzen vor Neid. Denn Libellen können blitzschnell nach vorn, zurück, nach oben, unten, links und rechts fliegen: In nur einer Sekunde gelingt es ihnen, mehrmals die Richtung zu ändern. Stell dir das mal bei einem Düsenjäger vor. Libellen gehören außerdem zu den schnellsten fliegenden Insekten und zu den reiselustigsten: Es gibt eine Libellenart, die kann tausende Kilometer zurücklegen!

Libellen sind Wunder der Technik. Auf dem Foto kann man das schon erahnen. Das Geheimnis verbirgt sich in den vier Flügeln. Siehst du die dicken schwarzen Linien im Oberkörper? Das sind superstarke Flugmuskeln. Mit ihnen lassen sich die Flügel einzeln steuern, so dass Libellen unzählige Kapriolen in der Luft vollführen können. Der langgezogene Schwanz hilft ihnen, bei den Flugmanövern das Gleichgewicht zu halten. Ohne ihn würde ihr Körper bei all den Kunststücken in alle Richtungen schießen.

Man sollte meinen, Libellen brauchen jede Menge Grips, um die komplizierten Flugbewegungen kontrollieren zu können. Aber dem ist nicht so. Schau dir mal den Kopf an: Ihr Cockpit besteht vor allem aus Augen. Sie können unglaublich gut sehen. Ihre Beute hat gegen so viel Seh- und Flugvermögen keine Chance. Junge Libellen erhalten nicht einmal Flugstunden, sie verwandeln sich sofort in Luftakrobaten. Als Larven und mit sehr viel kleineren Augen müssen sie sich im Wasser zunächst mit ihrem kurzen, flügellosen Körper durchschlagen. Danach packen sie sich selbst wie ein Geschenk aus. Ihr Kopf durchbricht den Panzer, die Flügel entfalten sich und die losen Schwanzteile schieben sich wie ein Teleskop auseinander. Dann sind sie bereit, den Luftraum zu erobern.

Und nun kommt die vermutlich beste Nachricht: Diese Flugartisten stehen auf unserer Seite. Sie kämpfen hier auf der Erde gegen einen gefährlichen Feind. Nein, nicht gegen Tiger oder Krokodile … gegen Mücken. Mücken können Krankheiten wie Malaria verursachen und töten so mehr Menschen als alle großen Raubtiere zusammen. Und die tüchtige Libelle frisst hunderte dieser Krankheitsverbreiter pro Tag. Ein Hoch auf die Libelle! Aber die stechen doch auch Menschen, sagst du? Falsch, das ist ein Ammenmärchen. Sie können gar nicht stechen, denn sie haben keinen Stachel, und beißen können sie uns auch nicht, denn ihr Mund ist nicht stark genug, um durch unsere Haut zu kommen. Libellen schnappen sich ihre Beute geschickt mit ihren Beinen aus der Luft. Denn außer vier Flügeln haben sie noch sechs Beine: Das sind diese „Strohhalme", die man am Oberkörper sieht.

Verwunderlich ist es nicht, dass Libellen so unglaublich gut konstruiert sind. Die Zeit hat ihnen dabei geholfen. In den 300 Millionen Jahren, seitdem es sie gibt, haben sie sich ständig weiterentwickelt und verbessert. Verglichen mit ihnen haben Flugzeugkonstrukteure mit ihrer Arbeit gerade erst begonnen. Wer weiß, was sie in 300 Millionen Jahren abliefern!

Raupe im Fitnessstudio

Draußen in der Natur zieht ein Schmetterling mit seinen auffällig farbenfrohen Glamourflügeln sofort alle Aufmerksamkeit auf sich. Als wäre er ein grellfarbenes fliegendes Reklameschild. Auf einem Röntgenbild aber gibt es keine Farben. Das ist für uns die Gelegenheit, endlich einmal andere Dinge genauer in Augenschein zu nehmen. Fällt dir dabei auf, wie groß die Flügel verglichen mit dem Körper sind? Ein Schmetterling muss nach seinem Dasein als Raupe viel Muskelmasse entwickeln, um mit seinen Flügeln losflattern zu können. Deshalb sieht sein Körper völlig anders aus als zuvor, als er noch eine Raupe war. Als hätte er während der Verpuppung eine Weile im Fitnessstudio verbracht, um sich einen Bodybuilder-Körper anzutrainieren.

Natürlich kommt ihm dabei zugute, dass die Flügel federleicht sind, sonst könnte er sie auch nicht mit noch so viel Fitnesstraining in Bewegung setzen. Die Flügel sind dennoch ziemlich stark, was an ihrer Struktur liegt. Siehst du die zarten Linien, die sich durch die Flügel ziehen? Das sind Flügeladern. Nach der Entpuppung strömt durch diese Adern jede Menge Blut, um, ähnlich wie bei einem aufblasbaren Gummiboot, die Flügel zu füllen.

Reißt ein Flügel einmal ein, verhindern die starken Adern, dass sich der Riss ausbreitet. Stell dir ein Bleiglasfenster vor. Eine gewöhnliche Glasscheibe ist sofort kaputt, wenn man einen Stein gegen sie wirft. Ein Bleiglasfenster hingegen ist bis auf eine einzige kleine Scheibe immer noch heil. Genauso verhält es sich bei Schmetterlingsflügeln. Das ist wichtig, denn ein beschädigter Flügel wird nie wieder gesund.

Die Flügel dienen dem Schmetterling übrigens nicht nur zum Fliegen. Sie sind auch Solarzellen. Schmetterlinge mögen kein kaltes Wetter. Sinkt die Körpertemperatur unter 28 Grad, können sie nur noch mit viel Mühe fliegen. Sobald aber die Sonne auf die Flügel scheint, fließt das erwärmte Blut wieder durch die Flügeladern. Die Muskeln kommen wieder in Gang, die Flügel flattern. Toll, oder?

Da siehst du, was man alles verpasst, wenn man sich nur auf die bunt gemusterten Flügel konzentriert …

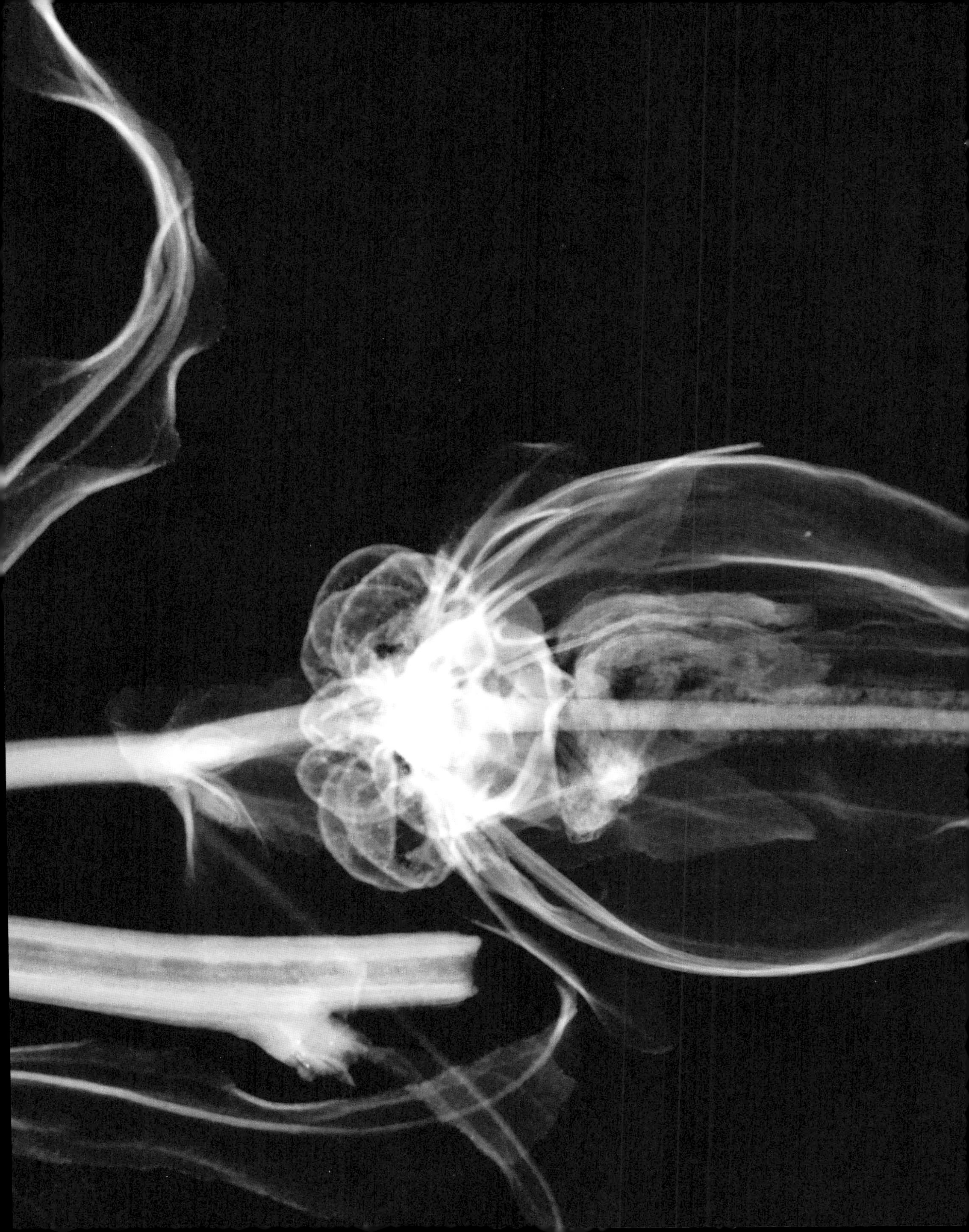

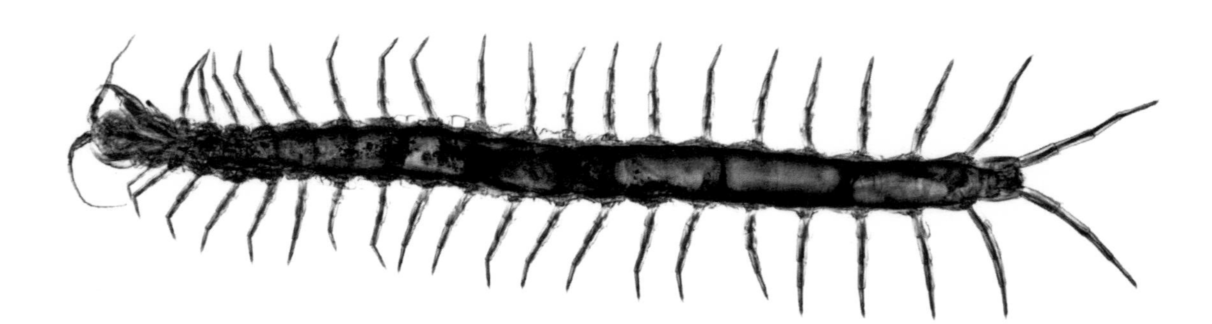

Ein Kopf auf Beinen

Derjenige, der sich den Namen Tausendfüßler ausgedacht hat, war entweder ein Märchenerzähler oder hat schlicht im Matheunterricht nicht aufgepasst. Denn wie oft du auch nachzählst, auf dem Foto rechts wirst du nie und nimmer auf tausend kommen. Gerade einmal 32 Beinchen hat das Tier. Manche Arten, wie der Tausendfüßler oben, haben zwar noch ein paar Beine mehr, aber nicht annähernd tausend. Das vorderste Beinpaar ist übrigens kaum zu erkennen, so nahe sitzt es am Kopf. Doch gerade vor diesen zwei Beinen musst du dich in Acht nehmen, denn sie sind giftig, und die Tausendfüßler können damit zubeißen. Das tut höllisch weh! Doch Moment mal … wenn die Beine am Hals beginnen, wo fängt denn dann der Oberkörper an? Nirgendwo! Ein Tausendfüßler ist nichts weiter als ein Kopf auf Beinen. Aber eben ein gefährlicher Kopf auf Beinen.

Denn was Löwen und Tiger für uns sind, sind Tausendfüßler für Insekten: schnelle, tödliche Raubtiere. Nicht nur Insekten haben das Nachsehen, Tausendfüßler essen auch Schnecken, Würmer und sogar sich gegenseitig. In der Wüste leben Tausendfüßler, die sogar kleine Nagetiere verspeisen! Natürlich gibt es auch Tiere, bei denen die Tausendfüßler auf der Speisekarte stehen, Vögel etwa. Aber Tausendfüßler sind keine leichte Beute. Fällt dir auf, dass die hintersten Beine ziemlich lang sind, fast wie die Fühler am Kopf? Bei manchen Arten lässt sich die Vorder- kaum von der Rückseite unterscheiden. Angreifer können sich dabei leicht vertun. Machen sie sich über die falsche Seite her, werden sie von den Giftfühlern am Kopf gebissen.

Tausendfüßler verfügen zudem noch über einen anderen Trick: Wenn ein Vogel einen an den Beinen packt, kann er diese abstreifen und schnell wegrennen. Dem Vogel bleiben so nur die paar Beinchen im Schnabel. Und der Tausendfüßler hat immer noch genügend Beine, um sich aus dem Staub zu machen.

Das weichste Weichtier

„Waldi, sitz!“, „Bleib liegen, Miezekatze!“ Jeder weiß, wie schwierig es ist, einen Hund oder eine Katze zu fotografieren. Nie wollen sie stillhalten und genau in dem Moment, wenn man abdrückt, rennen sie weg. Noch viel schwieriger aber ist es, Röntgenbilder von Tieren aufzunehmen, weil sie sich dann wirklich für eine sehr lange Zeit nicht bewegen dürfen. Zum Glück aber gibt es eine Tierart, bei der das gar kein Problem ist: die Schnecke.

Tja, nur was ist auf diesem Bild überhaupt zu sehen? Wieder so ein Tier mit einem harten Äußeren und weichem Inneren. Schnecken haben ein Herz, aber das sieht man nicht. Sie haben eine Niere, aber die sieht man auch nicht. Sie haben einen Magen, aber den sieht man erst recht nicht. Kein einziges Organ ist zu sehen, nur die Tentakel mit den Augen und der Fuß, das Organ, mit dem sie kriechen. Klar ist es ein schönes Foto, aber irgendwie auch vollkommen überflüssig. Obwohl … wenn du ungefähr weißt, wo die Organe sitzen, fällt dir bestimmt etwas auf. Die Organe befinden sich nämlich genau in dem Teil des Körpers, den das Gehäuse bedeckt. Die wichtigsten Teile sind also bestens geschützt. Das ist wie bei uns: Unser Herz befindet sich hinter den starken Rippenbögen und das Gehirn ist vom dicken Schädel umgeben. Für Schnecken ist das Gehirn nicht so wichtig wie für uns, deshalb ist der Kopf ungeschützt.

Es gibt noch mindestens einen weiteren Unterschied zwischen Mensch und Schnecke. Letztere hat nämlich ein zusätzliches Organ, aus dem ihr schützendes Gehäuse wächst: den Mantelsack. Bei Nacktschnecken findet man nur noch ein weiches Schildplättchen, doch bei Schnecken mit Gehäuse bildet sich hieraus eine komplette Wohnung. Wir haben keinen Mantelsack, und das ist auch gut so. Oder möchtest du dein Schlafzimmer auf dem Rücken tragen? Na also!

Fische

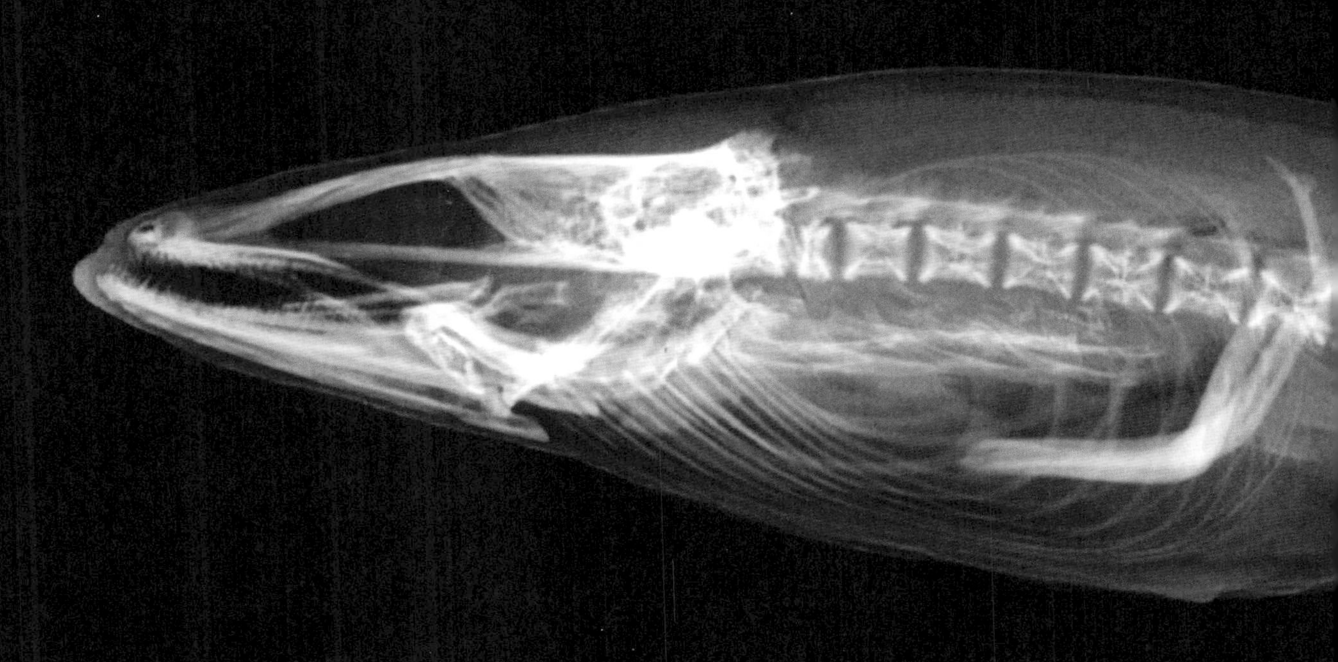

Bodenboa

Aale sind schwimmende Schlangen. Auf dem Foto auf der vorherigen Seite erkennt man gerade so noch die beiden Flossen am Kopfende. Ohne sie könnte der Aal auch eine Kobra oder eine Boa sein. Bei dem Aalfoto oben erkennt man, dass der Schwanz nicht rund, sondern eher platt ist. Auch dadurch kann der Aal sich im Wasser fortbewegen und muss sich nicht allein auf die beiden kleinen Flossen verlassen. Dass Aale langsame Schwimmer sind, ist kein Problem, denn in der Regel bewegt sich ihr Futter nicht: Muscheln, Fischeier, Larven. Dazu muss man kein blitzschneller Killer sein.

Aber was ist dann der Vorteil von solch einer langgestreckten Schlangenform? Wäre es nicht viel besser, ein paar Flossen mehr zu haben? Vielleicht, aber Aale leben hauptsächlich auf dem Boden. Dank ihrer schlanken Form können sie sich leicht in schmalen Spalten verstecken und überall nach Nahrung suchen. So können sie sich auch geschickt um Schilf schlängeln, um Wasserpflanzen und um Steine. Oder sie graben sich im Schlamm ein. Praktisch, vor allem, wenn sie sich rasch verstecken müssen. Denn wer nicht schnell ist, der muss sich unsichtbar machen können.

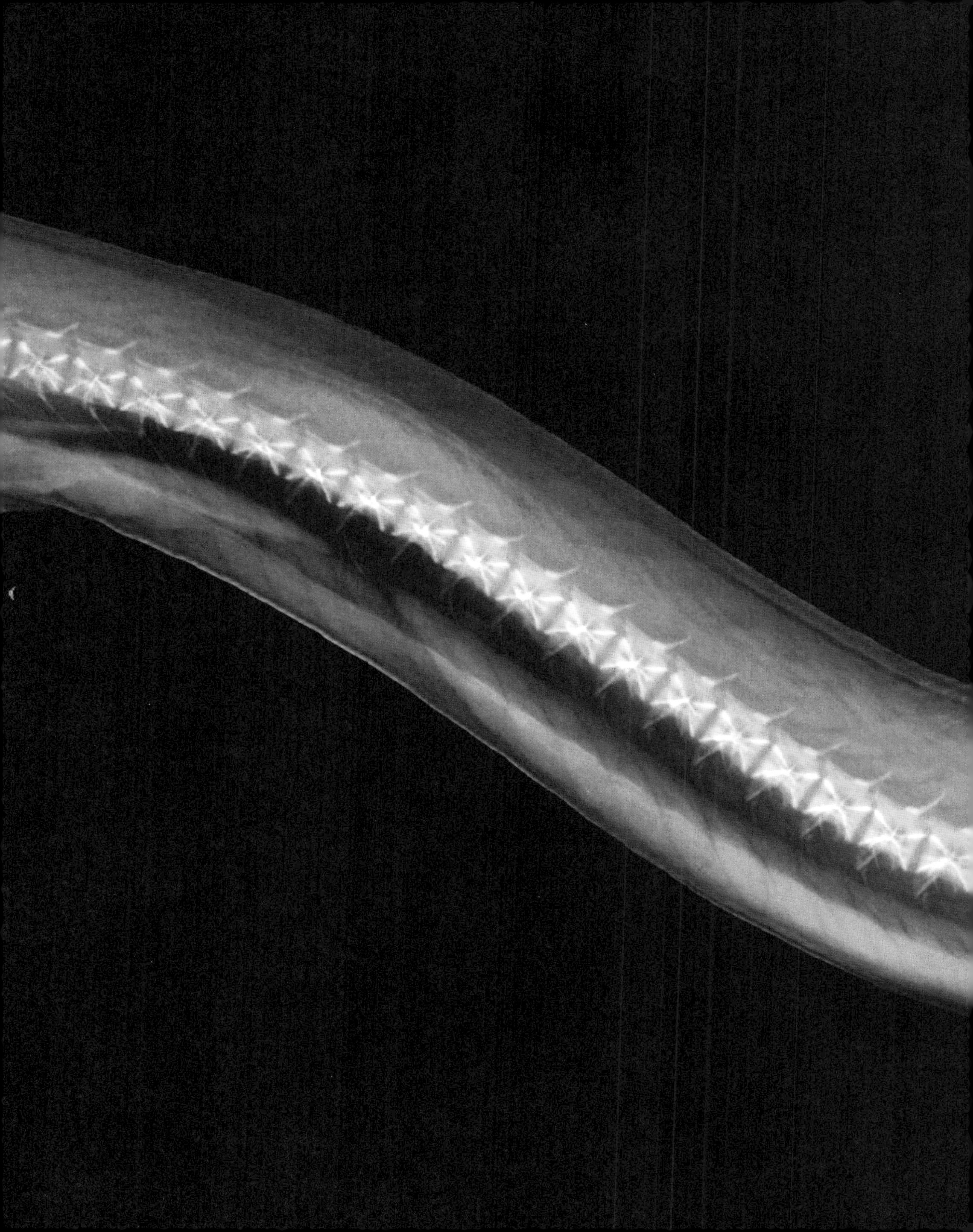

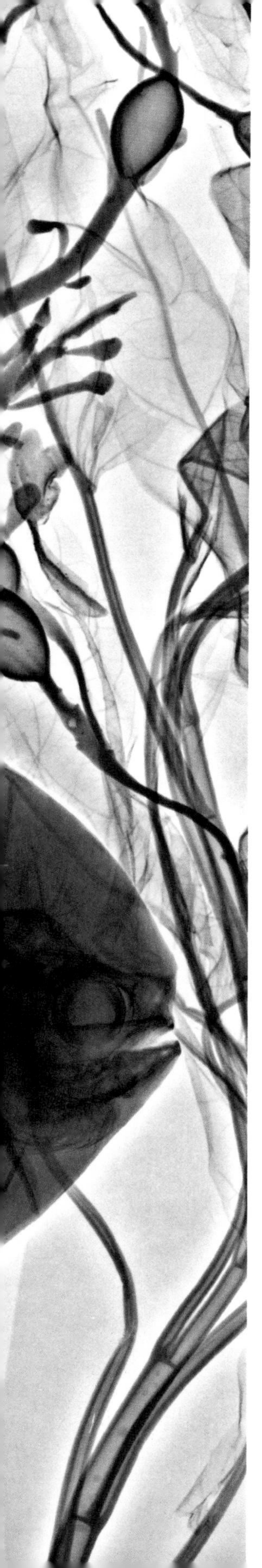

Knochen bei die Fische

Insekten, Schmetterlinge und Schnecken: Ihnen nützen keine Knochen. Die würden nur für mehr Gewicht sorgen und das können diese Tiere nicht gebrauchen. Bei uns ist das ganz anders. Stell dich einmal kerzengerade hin. Und stell dir dabei vor, du hättest keine Knochen. Dann würdest du doch zusammenklappen. Aufrecht stehen wäre so gut wie unmöglich. Oder hebe doch mal einen schweren Gegenstand mit gestrecktem Arm auf. Wie soll das ohne Knochen gehen? Ziemlich schwierig, oder? Jetzt weißt du also, warum du Knochen hast.

Die Silbernen Pampeln aber müssen nicht aufrecht stehen. Sie gleiten sanft durch das Wasser. Und da Fische nicht im Supermarkt einkaufen gehen, müssen sie auch keine schweren Taschen schleppen. Trotzdem kommt ihnen ihr Gerippe gerade recht. Denn Knochen, oder in ihrem Fall Gräten, sind für vieles wichtig.

Knochen bieten auch Schutz. Das gilt für alle Knochenbesitzer. Auf dem Foto siehst du genau, wie die Knochen verlaufen. Die dunklen Linien und Flecke sind die Fischgräten. Siehst du den dunkelsten Fleck bei diesem Pampel? Richtig, kurz hinter den Augen: Da liegt das Gehirn, dort befindet sich der dickste Knochen. So ist das bei allen Fischen. Und vom Gehirn aus verläuft das Rückgrat, an dem sich die meisten Nerven befinden, die Ausläufer des Gehirns. Sie sind äußerst wichtig und deshalb gut von den Knochen geschützt. Man braucht bei einem Fisch nur dem Rückgrat zu folgen, schon weiß man, wo das Gehirn ist. Bei Fischen sitzt der Schädel unbeweglich an der Wirbelsäule fest. Drehen sie ihren Körper, dreht der Kopf sich automatisch mit.

Ein Fisch mit so vielen Gräten ist nicht leicht zu essen. Bestelle in einem Restaurant also lieber keinen Silbernen Pampel, wenn du hungrig bist. Iss einfach schnell eine Portion Pommes Frites.

Der Silberne Pampel

Misslungene Fische

Zeichnen wir Fische, dann meist in der Form von Rotaugen und Barschen. Niemand weiß warum, denn Fische gibt es in vielen Formen und Größen: rund oder länglich, platt oder prall, glatt oder knubbelig. Hast du einen Fisch gezeichnet und meinst, deine Zeichnung sei misslungen? Mach dir keine Sorgen. Irgendwo gibt es einen Fisch, der deiner Zeichnung wie ein Ei dem anderen gleicht. Denn so viele Fischarten es gibt, so viele Formen gibt es auch. Obwohl … so unterschiedlich sehen Rotaugen und Barsche auf dem Röntgenbild gar nicht aus.

Bei den Fischen auf dem Foto ist die Schwimmblase gut sichtbar: die hellen Flecken unter der Wirbelsäule. Schwimmblasen sind Hohlorgane, die sie wie einen Luftballon aufblasen können. Ist der Ballon gefüllt, steigen die Fische im Wasser auf. Wollen sie sinken, geben sie das Gas aus der Blase wieder ab. So schaffen sie es auch, dass sie genauso schwer wie das Wasser sind und nicht nach unten sinken oder nach oben treiben.

Die Form eines Fisches sagt viel über seine Lebensweise aus. Diese Rotaugen und Barsche sind vom Aussehen her die idealen Raubfische. Nur sind sie keine typischen Jäger, auch wenn sie kleine Tiere wie Insekten essen. Ihre Stromlinienform hilft ihnen dabei, schnell durch das Wasser zu gleiten, was ihnen besonders dann zugutekommt, wenn sie aufgescheucht werden.

Die Flossen gehören ebenfalls zum Skelett. Sie sind sowohl für das Vorwärtskommen wichtig als auch dafür, aufrecht zu bleiben. Die Rückenflossen und die untere Flosse sorgen zum Beispiel dafür, dass der Fisch keinen Purzelbaum schlägt. Unter dem Rückgrat sitzen die Brustflossen. Die braucht der Fisch, um beizusteuern und abzubremsen, während die Schwanzflosse für den wichtigen Antrieb sorgt. Ein kräftiger Schwenk mit diesem Motor und die Fische schießen nur so durch das Wasser.

Geschwindigkeitstaucher

Es gibt solche und solche Jäger. Dass die Barrakudas pfeilschnell sind, erkennt man schon an ihrer Form. Auch bei ihnen ist die Schwimmblase gut sichtbar. Ein so langer Fisch braucht natürlich auch eine lange Schwimmblase. Sonst steigt die Vorderseite, während die Rückseite sinkt, oder umgekehrt. Und obwohl man sie auch Pfeilhecht nennt, sind es nicht die schnellsten Fische, bei Weitem nicht. Die Stärke der Barrakudas ist das Überraschungsmoment. Sie verhalten sich im Wasser sehr still und unauffällig. Doch sobald Beute vorbeikommt, schießen sie los.

Das gilt für alle Fische mit einem solch langen, dünnen Körper, wie auch für diesen Hornhecht unten, der halb aussieht wie ein Fisch und halb wie eine Harpune, so schön stromlinienförmig ist er. Aber um wirklich lange mit hoher Geschwindigkeit zu schwimmen, braucht er, genau wie ein Schiff, ein starkes Ruder oder eben große, steife Schwanzflossen. Die schnellsten Fische sind Speerfische, Thunfische und Schwarze Marline. Die haben sowohl einen unglaublich aerodynamischen Bau als auch eine kräftige Schwanzflosse. (Im Wasser heißt das natürlich hydrodynamisch.)

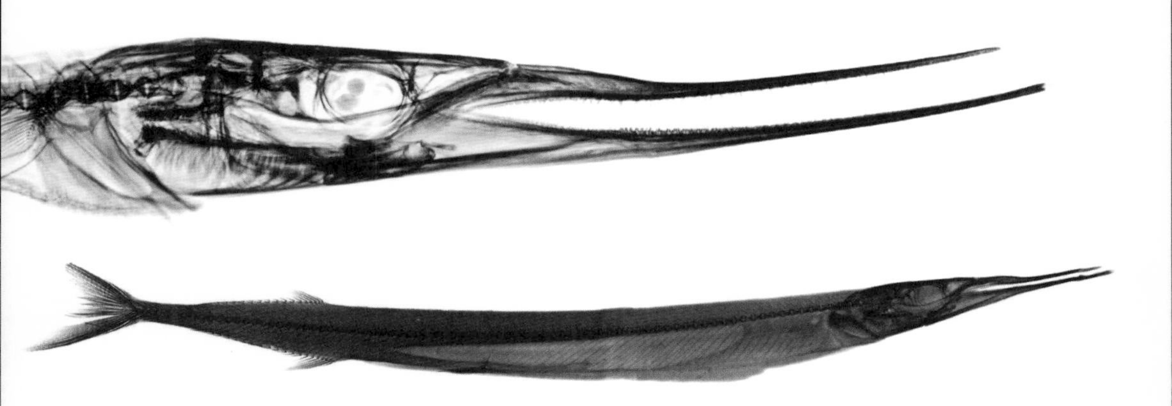

Der Barrakuda und der Hornhecht

Fauchende Katzen kratzen nicht

Dieser Katzenhai ist nicht so stromlinienförmig wie manch anderer Fisch, er kann aber mit seinen großen Flossen kraftvolle Schläge machen. Außerdem sind seine Muskeln nicht ausschließlich an den Knochen (die bei ihm in Wirklichkeit Knorpel sind) befestigt, sondern auch an seiner Haut. Das ist wichtig. Vergleiche nur die Knorpel dieses Hais mit denen von anderen Fischen: keine Gräten, nur Rückenwirbel. Haie sind vollkommen anders gebaut.

Katzenhaie und andere Haie haben keine Schwimmblase. Manche Haie lösen das, indem sie nach Luft schnappen. Dabei saugen sie Luft in den Hohlraum bei den Vorderflossen, sodass sie langsam schwimmen können, ohne zu sinken. Wieder andere Haiarten haben eine völlig andere Lösung parat: Sie produzieren in ihrer Leber Öl, und Öl ist bekanntlich leichter als Wasser. Und Katzenhaie? Sie sinken einfach zu Boden. Denn direkt über dem Grund fühlen sie sich am wohlsten. Wollen sie nach oben, schwimmen sie einfach hoch.

Der Katzenhai ist nicht schnell, aber er schwimmt immer noch schneller als du … Das ist eine schlechte Nachricht, und die andere: Dieser Hai lebt an unseren Küsten! Dumm gelaufen! Aber Angst musst du trotzdem nicht haben, ein Katzenhai ist ungefährlich. Er ernährt sich vor allem von Schalentieren, Würmern, ab und zu von kleinen Fischen, aber nicht von Menschen. Der weiße Hai würde ihn lauthals auslachen, sollte er es versuchen. Oder verschlingen.

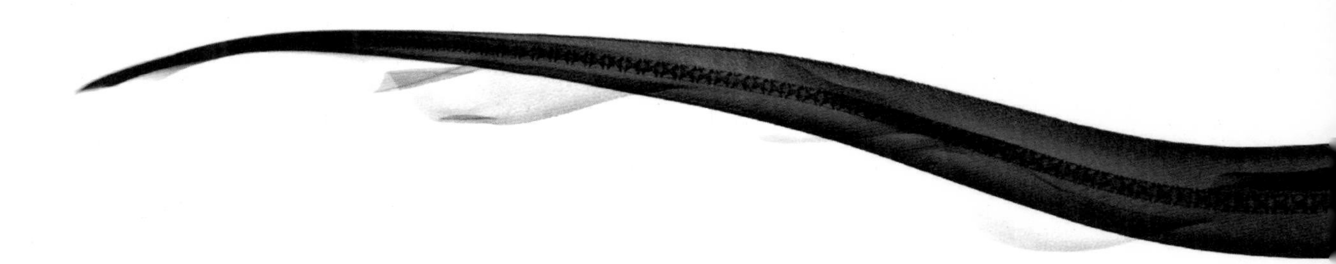

Der Kleingefleckte Katzenhai

Unterwasserstaubsauger

Als Raubfisch muss man nicht unbedingt schnell sein. Der Petersfisch zum Beispiel ist ein langsamer, aber heimtückischer Jäger. Er schleicht sich von hinten an seine Beute an. Dabei hilft es ihm, dass er völlig platt ist. Ist er dann direkt hinter seinem Opfer, schnappt er zu. Er sperrt einfach blitzschnell sein Maul sperrangelweit auf und saugt das Wasser mit seiner Beute in einem Zug in sich hinein. Fast wie ein Staubsauger, der eine Mücke von der Wand saugt. Es gibt kein Entkommen.

Der Petersfisch ist natürlich selbst auch eine mögliche Beute für größere Fische. So geht es zu im Meer. Doch seine Stacheln auf dem Rücken bieten ihm Schutz. Man sollte sich lieber in Acht nehmen, bevor man diesen Fisch mit einem Bissen hinunterschlingt …

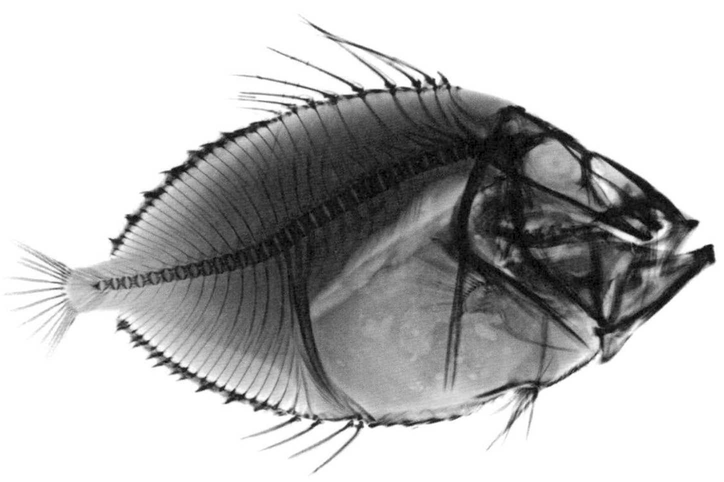

Der Petersfisch

Der Seeteufel

Angelnde Fische

Der Seeteufel ist auch so ein Beute-mit-Wasser-und-allem-Drum-und-Dran-Verspeiser. Und das tut er mit einer List. Er lebt auf dem Meeresgrund und ist durch seine Camouflage nahezu unsichtbar. Auf dem Foto seines Fischmauls sieht man einen dünnen Stab mit einem kleinen Ding daran. Dieses Ding sieht für andere Fische wie typisches Futter aus. Kleine Fische nähern sich dem vermeintlichen Futter und werden, bevor sie selbst zuschnappen können, einfach verschlungen. Sportfischer sind demnach nicht die einzigen, die eine Angel benutzen. Fast alles, was Menschen erfunden haben, kommt in der Natur seit Millionen von Jahren vor.

Das Rückgrat beim Seeteufel setzt direkt hinter dem Kopf an. Siehst du, wie groß der Kopf ist, verglichen mit dem restlichen Körper? Außerdem ist dieser Fisch eines der wenigen Tiere, dessen Augen und Maul oben auf dem Kopf sitzen. Bei Menschen wäre das ziemlich unpraktisch, denn wir würden gegen jeden Laternenpfahl prallen, wenn wir nicht geradeaus schauen können. Für den Seeteufel ist das allerdings kein Nachteil, denn auf dem Meeresgrund gibt es zwar Laternenfische, die Licht spenden können, aber keine Laternenpfähle.

Wer ist hier die Zunge?

Auch ein Wels besteht zum größten Teil aus einem Kopf. Und dieser Kopf besteht wiederum größtenteils aus einem Maul. Dass dieses Maul so groß ist, bedeutet für viele andere Tiere nichts Gutes. Denn alles, was essbar ist und in das Maul passt, kann letzten Endes auch darin landen: Fische, Vögel, Amphibien und manchmal auch ein Säugetier!

Die Fortsätze am Maul nennt man Barteln, und sie funktionieren wie Fühler. Aber diese sind nicht die einzigen Sinnesorgane des Welses, er kann nämlich auch Strom spüren. Das ist sinnvoll, denn Welse fühlen sich vor allem auf den schlammigen Böden von Flüssen und Seen wohl. Da sieht man meist nicht die Flosse vor Augen und da kommt so ein eingebauter Stromzähler gerade recht. Fische geben nämlich kleine Stromsignale von sich. Der Wels fühlt somit, wo genau und in welche Richtung andere Fische schwimmen.

Nase und Ohren des Welses funktionieren genauso ausgezeichnet wie sein Geschmackssinn. Der ist wirklich außergewöhnlich. Wir haben Geschmackspapillen nur auf der Zunge, der Wels hat sie am ganzen Körper. Eigentlich ist er damit eine einzige große schwimmende Zunge. Eine Zunge auf Distanz auch noch. Denn Fische scheiden Stoffe aus, die dann durch das Wasser fließen. Ein Wels schmeckt diese Stoffe und kann dem Geschmack hinterherschwimmen. Wenn er seine Beute nicht elektrisch fühlt, riecht oder sieht, kann er sie also immer noch von Weitem schmecken!

Und noch etwas. Welse haben, wie die meisten Fische, ein Sinnesorgan, das wir nicht haben: das Seitenlinienorgan. Man sieht es auf dem Röntgenbild zwar nicht, doch es verläuft von den Kiemen bis zum Schwanz. Mit diesem Organ spüren sie die kleinsten Vibrationen.

Augen, Ohren, Nase, Fühler, Geschmack auf Distanz, Elektrosensoren und ein Seitenlinienorgan: Der Wels ist ein einziges Sinnesorgan! In den Weltmeeren ist der Weiße Hai der gefährlichste Raubfisch, in Seen und Flüssen tragen die Welse diesen Titel. Einmal wurde ein Exemplar gefunden, das 2,78 Meter lang und 144 Kilo schwer war. Nur gut, dass du nicht in sein Maul passt, sonst würdest du ganz schön dumm aus der Wäsche gucken.

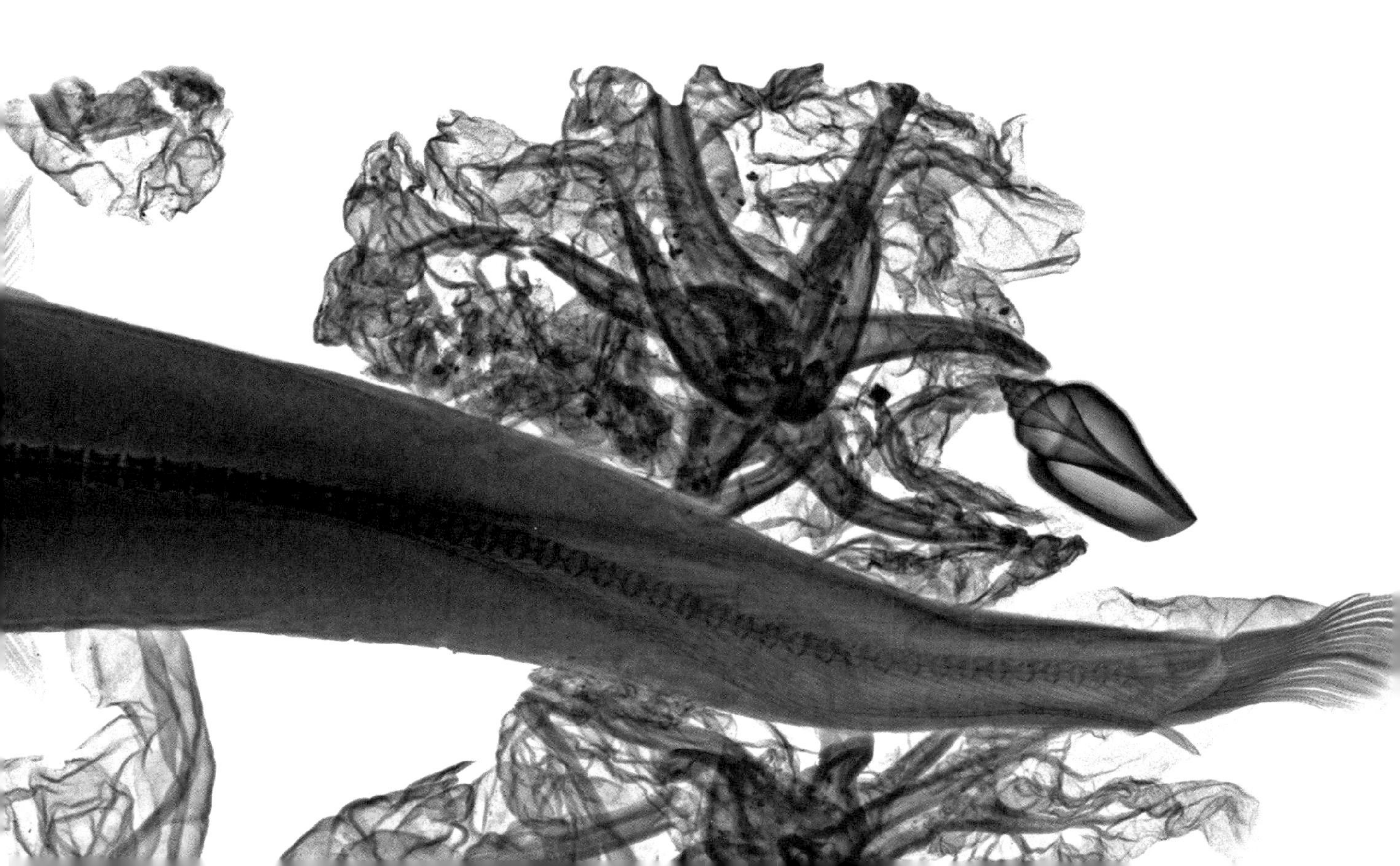

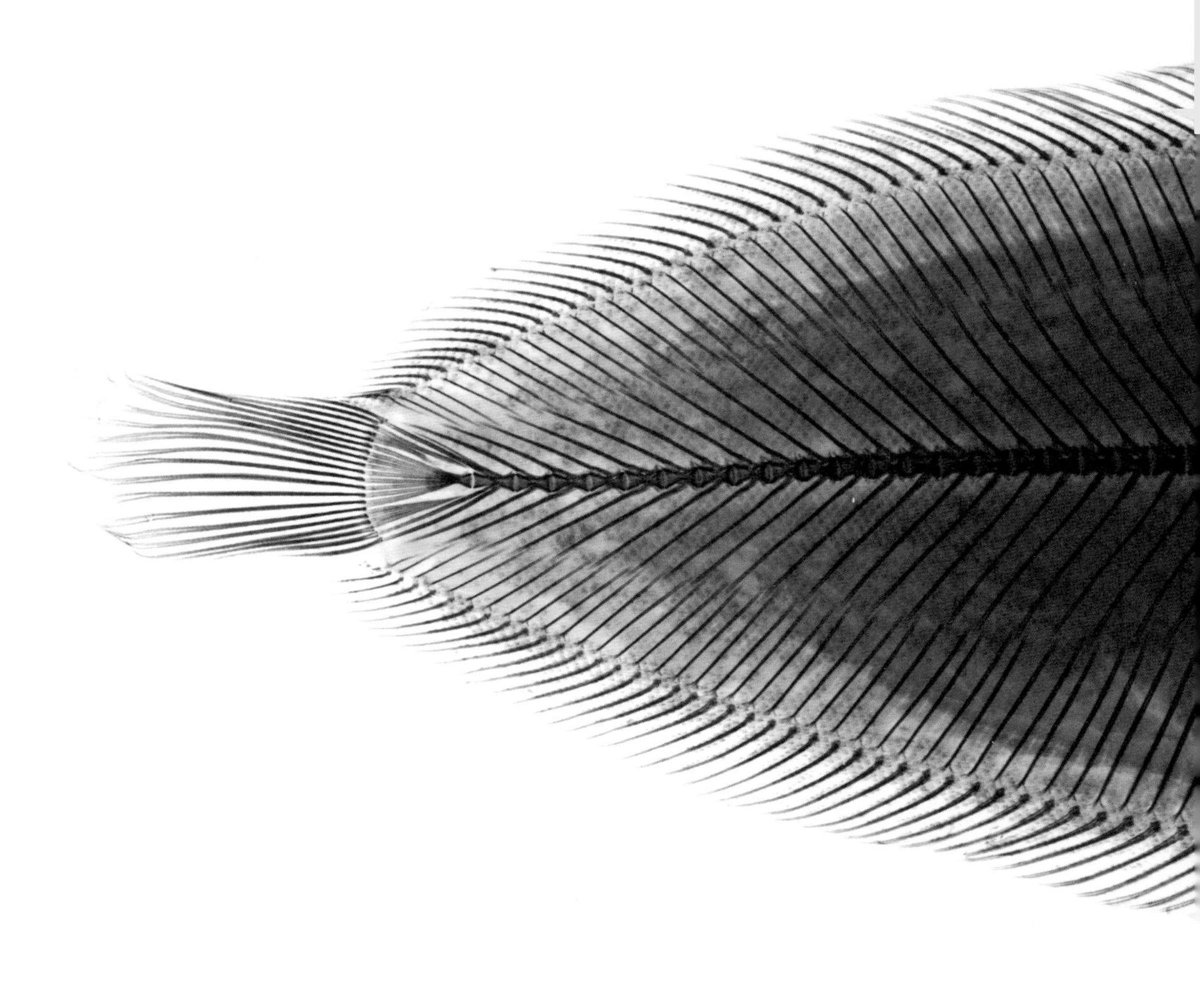

Zunge à la Picasso

Der Wels mag überall am Körper Geschmackspapillen haben, doch in Wirklichkeit darf sich nur ein Fisch „Zunge" nennen. Und das ist, na klar, die Seezunge. Sie heißt so, weil sie die Form einer Zunge hat. Dieser Fisch gilt als ziemlicher Leckerbissen, weshalb er recht teuer ist. Was passiert aber, wenn man eine große Seezunge eingekauft hat, doch kurzfristig die Gäste absagen? Auch die Seezunge ist nach kurzer Zeit nicht mehr ganz so frisch. Schlechte Köche haben deshalb ein tolles Rezept erfunden: einfach süße Früchte darüber geben. Dann schmeckt niemand mehr, dass der Fisch halb verdorben ist. Bestelle deshalb niemals eine „Seezunge à la Picasso", denn wegen der Früchte sieht dieses Gericht wie ein Kunstwerk des berühmten Malers aus.

Jede Seezunge ist eigentlich eine Seezunge in Picassos Sinne. Was meinst du? Ist der Fisch auf diesem Foto von der Seite oder von oben aufgenommen? Von oben! Die Seezunge hat nämlich zwei Augen auf ein und derselben Seite. Und so hat Picasso auch oft gemalt. Bei vielen Fischen lässt sich die linke und die rechte Seite perfekt spiegeln. Doch die Seezunge sieht vollkommen misslungen aus. Schau doch nur, wie durcheinander die Gräten bei diesem Tier sind.

Trotzdem ist die Seezunge ziemlich klug aufgebaut. Sie lebt flach auf dem Meeresgrund, also braucht sie gar kein Auge an der unteren Seite. Von zwei Augen auf der Oberseite hat sie viel, viel mehr.

Auf Biegen und Brechen

Ein Experiment gefällig? Wirf ein Gummiband mit viel Kraft auf den Boden. Und nun tust du dasselbe mit der teuersten antiken Vase deiner Eltern. Was passiert? Das Gummiband zerbricht nicht, die Vase schon. Auf dein Taschengeld wirst du in den kommenden Monaten wohl verzichten müssen. Weiche Dinge können nicht zerbrechen, harte Dinge schon. Deshalb kannst du dir die Knochen brechen. Der Rochen aber bricht sich nichts. Rochen, Haie und noch ein paar andere Fischarten haben Knochen, die vollkommen aus Knorpel bestehen. Knorpel ist viel weicher und biegsamer als unsere Knochen. Zwar kann auch Knorpel brechen, aber nur mit erheblichem Kraftaufwand. Dein Skelett besteht hier und da auch aus Knorpel. Deine Nase zum Beispiel, außerdem gibt es ihn in den Ohren und zwischen den Gelenken. Bei einem Hühnerschenkel lässt sich Knorpel gut erforschen. Es ist dieses zähe, gummiartige Gewebe zwischen den größeren Knochen.

So wie der Seeteufel vor allem aus dem Kopf besteht, besteht dieser Nagelrochen größtenteils aus Flossen, die eher wie Flügel aussehen und mit denen er durchs Wasser fliegt. Die Flossen bestehen vor allem aus Muskeln, und Tausende von kleinen Knochen geben diesen Muskeln Halt. Siehst du auch die großen Kiefer um das Maul herum? Voller verschiedener Zahnreihen? Na ja, Zähne, eigentlich sind es Backenzähne, denn sie sind nicht spitz und scharf, sondern stumpf. Sehr geeignet dafür, um etwas zu zermalmen. Diese Zähne und Kiefer hat der Rochen aber bitter nötig, denn er ernährt sich von Schalen- und Krustentieren, Muscheln und Krabben mit allem Drum und Dran. Fällt ihm ein Zahn aus, schiebt sich der nächste einfach nach vorne.

Manche Rochen verfügen sogar über einen giftigen Pfeilschwanz, mit dem sie sich verteidigen können. Doch der Schwanz dieses Nagelrochens ist ungefährlich. Es gibt sogar Aquarien, wo man Rochen streicheln kann, so freundliche Wesen sind sie. Aber wenn Rochen dazu da wären, um gestreichelt zu werden, hätten sie doch bestimmt ein Fell, oder?

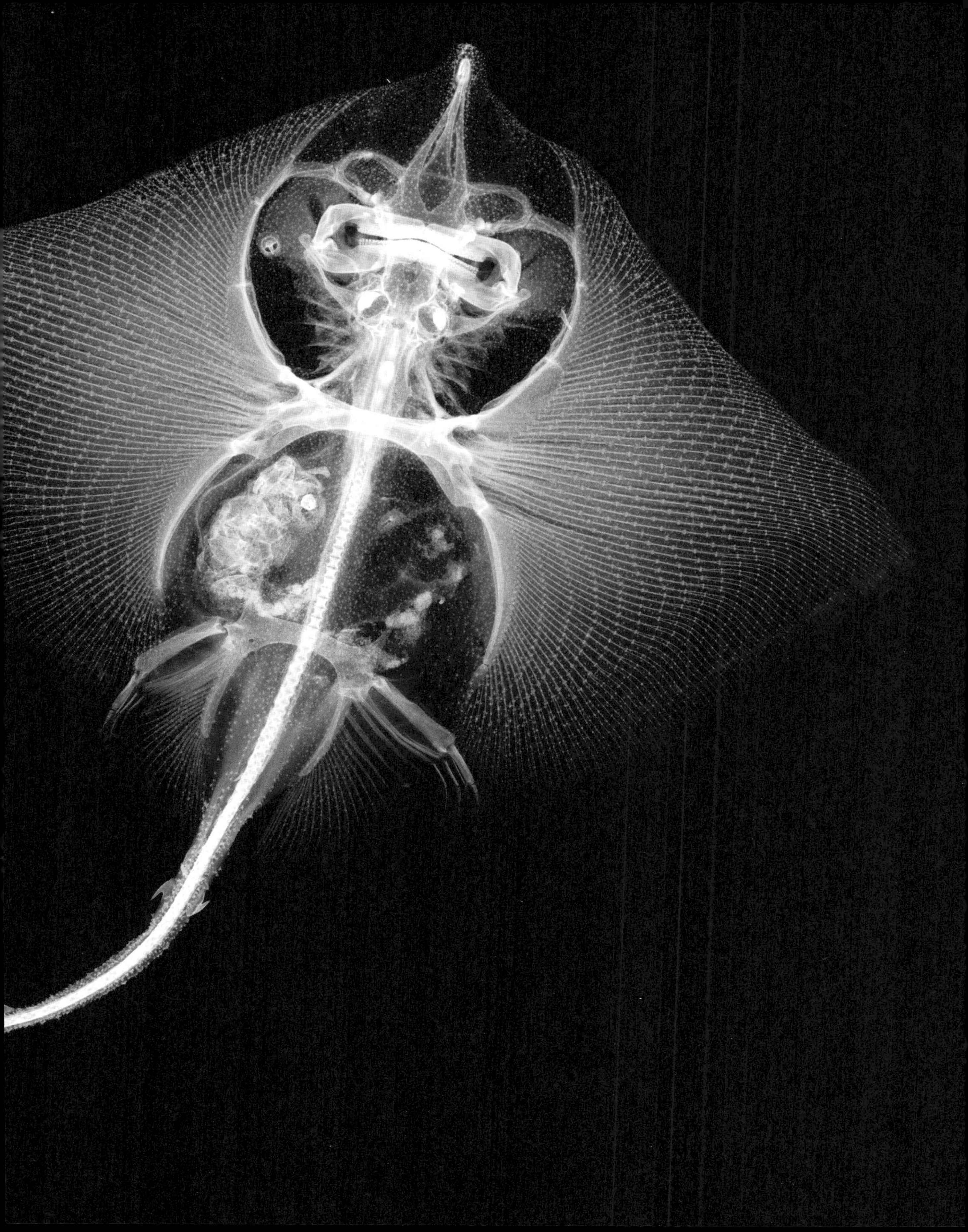

Die Ausnahme von der Ausnahme

Jeder Fisch hat seine eigene Form mit allen Vor- und Nachteilen. Riesig, winzig, flach, lang, kurz, prall, stachlig, glatt, große Flossen, kleine Flossen und so weiter. War es das schon? Nein, noch lange nicht. Nehmen wir einmal das Seepferdchen. Das gehört zu keiner Kategorie. Es ist die Ausnahme von der Ausnahme.

Ein Seepferdchen hat nicht nur ein inneres, sondern auch ein äußeres Skelett. Auf dem Foto erkennt man stachelige Knochenfortsätze, die zusammen mit zähen Grätenplatten einen Panzer bilden. Sobald sich ein Raubfisch oder -vogel durch ihn hindurchgebissen hat, muss er sich anschließend noch durch die Knochen im Inneren kämpfen. Alle dunklen Flecken, die man auf dem Foto sieht, bestehen aus hartem Material. Den meisten Tieren ist das einfach zu viel Aufwand für das bisschen Seepferdchenfleisch. Deshalb lassen sie es meistens in Ruhe.

Noch eine Ausnahme. Das Seepferdchen hat keinen Magen, in dem es die Nahrung einlagern kann! Das Essen geht direkt in den Darm. Dazu hat das Seepferdchen nur ein kleines, zahnloses Maul, in das keine großen Nahrungsmengen passen. Und die Kiefer sind fest miteinander verbunden und unbeweglich. Es kann also seine Beute, vor allem ganz kleine Tierchen, nur einsaugen. Das Seepferdchen muss den lieben langen Tag Nahrung aufnehmen, um satt zu werden und Energie zu bekommen. Man kann also hungrig wie ein Pferd sein, doch Hunger wie ein Seepferdchen zu haben ist viel, viel schlimmer.

Aber das ist immer noch nicht alles. Denn nicht die Weibchen brüten die Eier in ihrem Bauch aus, es sind die Männchen. Wenn die Jungen schlüpfen, presst der hochschwangere Mann kleine Wolken aus vielen dutzenden Miniseepferdchen aus seinem Beutel. Apropos Ausnahmen: Der Rüssel eines Ameisenbären, der Kopf eines Pferdes, der Panzer eines Insekts, die Knochen eines Fischs, der Beutel eines Kängurus, der Schwanz eines Klammeraffen – das Seepferdchen ist keine Ausnahme, es ist eine Mischung aus all diesen Tieren!

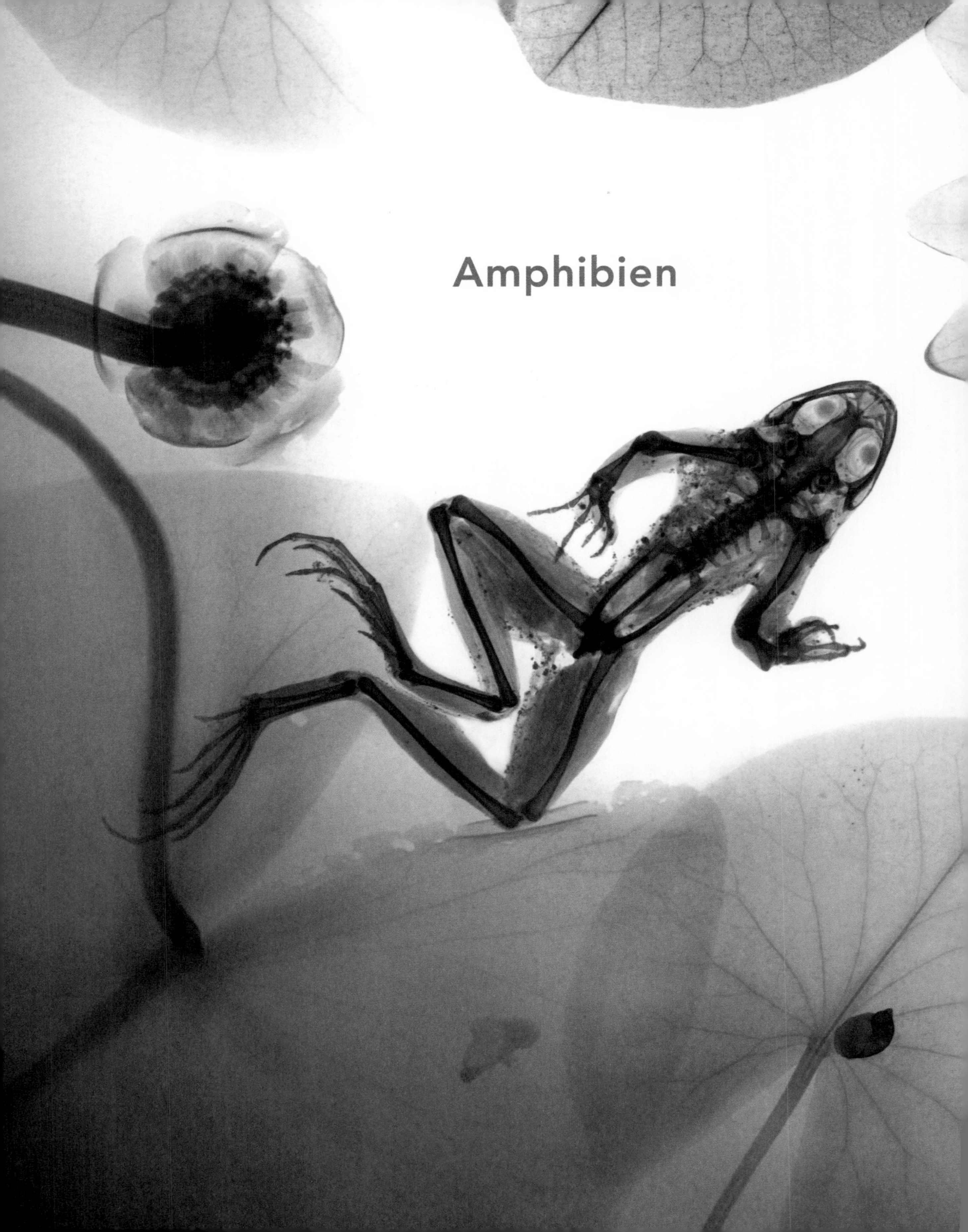

Amphibien

Der Seefrosch

Frösche sind die besseren Prinzen

In Märchengeschichten verwandeln sich Frösche gern in Prinzen. Das klingt viel verrückter, als es in Wirklichkeit ist. Denn Frösche haben im wirklichen Leben ja schon einmal eine Verwandlung durchgemacht, warum sollte ihnen das nicht noch ein zweites Mal gelingen? Alle Frösche beginnen ihr Leben als Fische, als Kaulquappen. Und danach geschieht ein kleines Wunder. Plötzlich wachsen ihnen nämlich zwei Schenkel. Und danach noch zwei kurze Vorderbeine. Der Schwanz bildet sich allmählich zurück und aus den alten Schwanzteilen setzt sich der Rest des Frosches zusammen, als würde das Tier aus Mini-Bauklötzen bestehen. Dann wächst und wächst es eine Weile, und nicht viel später ist der Frosch fertig. Der Schwimmer ist zum Springer geworden.

Ein Frosch am Boden ist eigentlich eine gespannte Sprungfeder. Sobald er seine Beine streckt, schießt er wie eine Kanonenkugel vorwärts. Je schneller er die Beine streckt, desto weiter kommt er. Dafür sind die Beine extra lang, mit Oberschenkeln, Unterschenkeln und äh, huch … Unterunterschenkeln? Ja, so scheint es. Frösche haben sehr lange Mittelfußknochen, die aussehen wie ein weiterer Schenkel. Schau nur genau hin. Wenn sie durch die Luft schweben, bilden die Beine bis hin zu den Zehenspitzen eine einzige Stromlinie.

Auch der Rest des Körpers ist für das Springen gerüstet. Die meisten Frösche können etwa das Zwanzigfache ihrer eigenen Körperlänge weit springen. Wenn du das könntest, würdest du leicht über einen Schulbus springen können – der Länge nach! Und wie sieht es mit der Landung aus? Frösche haben dafür besonders starke Schultergelenke, die den Aufprall vorne abfangen können. Keine Rippen, die leicht brechen, sondern kräftige Fortsätze an einem sehr kurzen Rückgrat. Starke Knochen in den Beinen. Und ein besonderes Becken, das aus zwei langen, beweglichen Knochen besteht. Und zwischen ihnen sieht man noch einen weiteren Knochen, der als Verstärkung dient. Leicht und doch schützend.

Trotz seiner Verwandlung hat der Frosch das Schwimmen nicht verlernt. Wie dieser Frosch rechts auf dem Foto haben die meisten Froscharten Schwimmhäute, um im Wasser schneller vorwärts zu kommen. Den Vorderbeinen fehlt es an Schwimmhäuten, stattdessen wachsen dort vier Finger, mit denen er greifen kann. Das ist wiederum an Land recht vorteilhaft, besonders für Frösche, die gern auf Bäume klettern. All diese Frösche sind perfekt gebaut. Und wahrscheinlich sind sie froh darüber, dass sie sich nicht in einen Prinzen verwandeln. Denn den meisten Prinzen mangelt es am perfekten Körperbau …

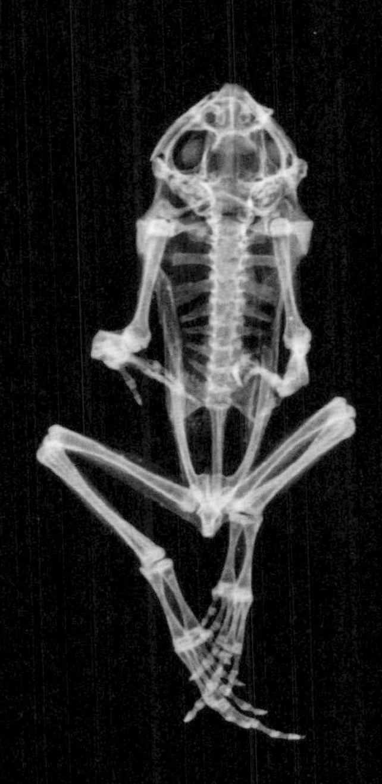

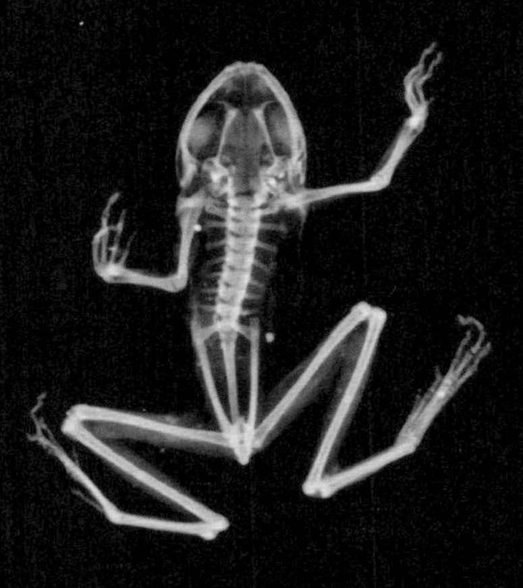

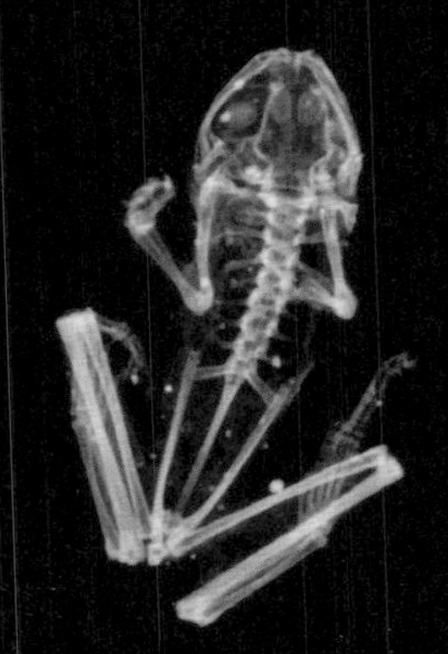

Mit den Augen essen

Rechts auf dem Röntgenbild ist jeder einzelne Knochen gut erkennbar. Und was fällt sofort auf? Wie groß die Froschaugen verglichen mit dem Rest des Kopfes sind. Schön nach außen gewölbt wie die Reichstagskuppel, so kann der Laubfrosch in alle Richtungen blicken: nach vorne, nach hinten und auch nach links und rechts. Dass es ein Frosch ist, kann man auch an den Zähnen sehen. Sie zeichnen sich deutlich am höchsten Punkt des Schädels ab. Frösche haben nur am Oberkiefer Zähne. Die Zunge eines Froschs beginnt nicht wie bei uns im Hals, sondern mitten im Maul. So kann er sie besonders weit herausstrecken und rasend schnell Insekten fangen. Aber ist das wirklich so praktisch …?

Stell dir einmal vor, deine Zunge säße ziemlich weit vorne in deinem Mund und du würdest in ein Butterbrot beißen. Wie bekommst du diesen Bissen dann nach hinten, hinein in die Speiseröhre? Gar nicht! Und hier kommen die riesigen Augen wieder ins Spiel. Um seine Nahrung in den Verdauungstrakt zu befördern, kneift der Frosch die Augen zu. Diese kleine Bewegung drückt die Nahrung nach und nach in den Hals. Es hat also manchmal seine Vorteile, wenn die Augen größer sind als der Magen.

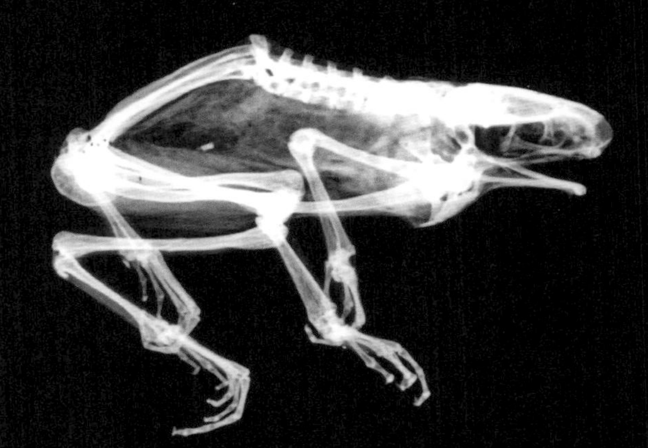

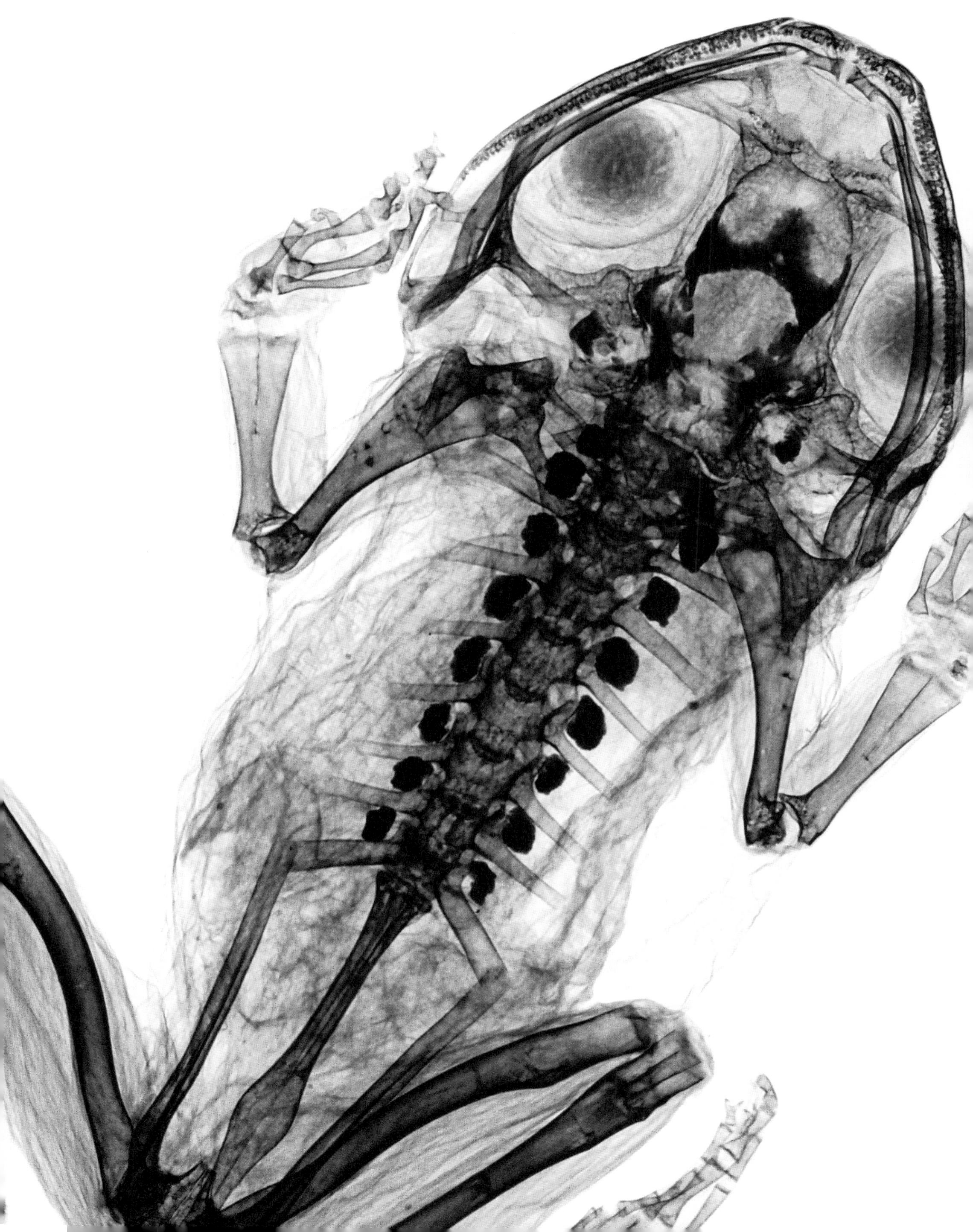

Reptilien

Tejunosaurus Rex

Höchste Zeit, mal einen Dinosaurier unter das Röntgengerät zu legen. Denn das hier ist natürlich einer, das sieht man ja auf den ersten Blick. Schade, dass er nicht auf den Hinterbeinen steht, dann sähe man noch viel besser, dass es sich um einen Neffen von Tyrannosaurus Rex handelt. Obwohl – warte mal! Sind seine Gliedmaßen nicht ein wenig zu kurz für einen T-rex? Und sind Dinosaurier nicht auch schon längst ausgestorben? Hm, dann muss es wohl eine Echse sein. Also kein Dino. Aber immerhin ein „Saurus", denn das bedeutet „Echse". Außerdem haben Echsen Millionen von Jahren unter den Dinos gelebt. Einst waren sie Nachbarn.

Diese Echse ist ein Teju. Übrigens sieht sie nicht nur einem Dino ähnlich, sondern auch uns. Schau doch mal: Ein kräftiger Schädel über dem Gehirn und Rippen, die Lunge und Herz schützen. Bei den Gliedmaßen einen Knochen oben und zwei unten, gefolgt von etwas kleineren Wurzelknochen mit je fünf Fingern und Zehen. Genau wie bei uns. Zählt man diese Finger oder Zehen, weiß man sofort, ob das Tier zu den Amphibien gehört oder zu den Reptilien: Amphibien haben nämlich nur vier, Reptilien schon fünf Finger. Und wenn du dir das Gebiss mal genauer anschaust, siehst du, dass die Echse vorn ganz spitze Zähne hat, wie die Eckzähne von einem Raubtier. Weiter hinten im Maul sind die Backenzähne eines Pflanzenfressers. Der Teju ist also ein Allesfresser, genau wie wir.

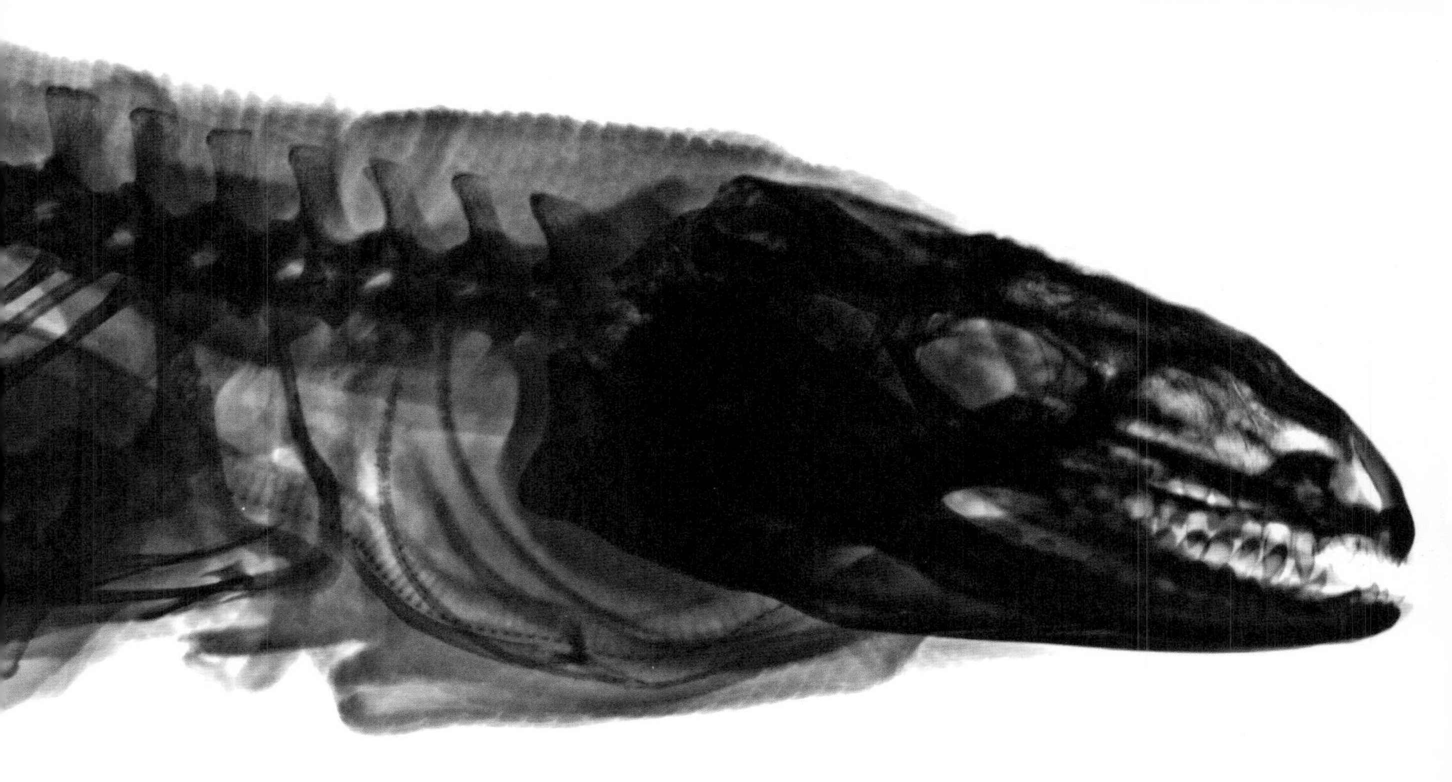

Nur dieser gewaltige Schwanz gehört wirklich zu Echsen und nicht zu den Menschen. Selbst Hunde, Kängurus und Tiger können nur von so einem Schwanz träumen, denn er ist ein wahres Wunder! Tejus und andere Echsen können ihn nämlich auf Kommando abstoßen, zum Beispiel, wenn sie von einem Raubtier bedroht werden. Dann fällt der Schwanz zu drei Vierteln ab und schlängelt noch ein wenig weiter. Während der Verfolger noch ganz verdutzt guckt, macht sich der Teju schnell aus dem Staub. Aber nun ja – ohne Schwanz.

Trotzdem ist das keine Katastrophe, denn der wächst einfach wieder nach, anders als bei dir, wenn du ein Körperteil verlieren würdest. Der neue Tejuschwanz wird nur nicht mehr ganz so schön wie der alte. Er hat keine kräftigen Wirbel mehr im Inneren, sondern einen weichen Knorpelstab. Außerdem ist der Schwanz 2.0 etwas kleiner und weniger geschmeidig. Aber sonst: prima Sache, kann so bleiben!

Der neue Schwanz ist auch nicht von heute auf morgen wieder da; er braucht eine Weile zum Wachsen. Die Zeit ohne Schwanz ist für Echsen ziemlich unpraktisch. Normalerweise kommunizieren sie damit, sie speichern Energie darin und er hilft ihnen, das Gleichgewicht zu wahren. Echsen würden also nie einfach so ein Stück Schwanz abwerfen. Doch wenn es um Leben oder Tod geht, denken sie nicht lange nach: der Schwanz muss ab. Und das funktioniert: Dinosaurier sind immerhin schon vor Millionen von Jahren ausgestorben – Echsen gibt es immer noch!

Der Stachelbart

Noch mehr Landtier als eine Bartagame kann man kaum sein, denn dieses Reptil lebt am trockensten Ort der Erde: in der Wüste. Du siehst, dass die Rippen den gesamten Bauch und den Brustkorb schützen. Nur zwischen den Vorderbeinen und dem Unterkiefer ist nichts. Und doch befindet sich genau dort die wichtigste Waffe: der „Bart". Trifft die Bartagame auf einen Feind, stellt sie ihren Bart auf und man sieht einen großen Panzer voller schauriger Stacheln. Auf dem Foto kannst du gut erkennen, wie das geht: Unter dem Kiefer befinden sich kleine, krumme Knochen. Die stellt das Reptil wie ein Zelt auf, sodass der Bart plötzlich ganz groß wird. Oft reicht das schon zur Abschreckung von Feinden. Und das ist auch gut so, denn Agamen können ihren Schwanz nicht zur Verteidigung abwerfen – obwohl sie zu den Echsen gehören.

Du siehst außerdem, dass die Hinterbeine größer und kräftiger sind als die Vorderbeine. Bei Gefahr sprinten Echsen auf diesen starken Hinterbeinen davon. Dabei können sie unvorstellbar schnell sein. Eine Echsenart kann sogar so schnell rennen, dass sie über Wasser laufen kann: die Jesus-Christus-Echse. Diesen Trick beherrscht die Bartagame nicht, aber wenn der Bart nicht hilft, kann sie sich immerhin noch schnell wegscheren …

Schlangen auf Beinen

Siehst du die beiden Eidechsen auf dem Foto links? Kannst du ihre Körper bis zum Schwanzende verfolgen? Schwierig, was? Der Schwanz einer Langschwanzeidechse kann bis zu fünfmal länger sein als ihr Körper! Ist das praktisch? Hm. Stell dir mal vor, du willst einen Hochsprung machen und hast einen meterlangen Schwanz hinter dir. Oder du willst schnell wegrennen – dann ist der Schwanz nicht sehr hilfreich. Und trotzdem kommt er ganz gelegen, denn Langschwanzeidechsen sind kleine Tiere und unglaublich leicht. Zum Glück wiegt ihr Schwanz auch so wenig, dass sie mühelos auf hohe Grashalme klettern können. Dort gibt es mehr Sonnenlicht, in dem sie sich aufwärmen können, und außerdem sehen sie aus der „Höhe" besser, ob von irgendwo Gefahr droht. Sie springen sogar von Grashalm zu Grashalm und ihr Schwanz hilft ihnen, das Gleichgewicht zu wahren.

Langschwanzeidechsen sind Schnellläufer und werden auch „Schlangen auf Beinen" genannt. Wenn du sie durchs Gras laufen siehst, sind ihre Beine vollkommen unsichtbar. Dann sind sie kaum noch von Schlangen zu unterscheiden. Und von Schlangen hältst du dich lieber fern, auch wenn sie noch so klein sind. Leider fällt nicht jedes Tier auf ihre trügerischen Schlangenschwänze herein und es gibt genügend Feinde, die ein leckeres Schlängelchen auf dem Speiseplan durchaus mögen. Manche Raubtiere machen daher Jagd auf eine solche Echse. Aber du rätst schon, welchen Trick sie dann noch auf Lager hat? Genau: Schwanz ab und weg!

Die Langschwanzeidechse

Waran ohne Beine

Wenn eine Langschwanzeidechse eine Schlange mit Beinen ist, kann diese Python durchaus ein Waran ohne Beine sein. Denn du kannst hier gut sehen, wie sehr sich die Skelette dieser beiden Tiere ähneln. Der Name „Waran" stammt aus dem Arabischen und bedeutet: Echse. Und das ist er auch. Warane, andere Echsen und Schlangen: die gehören alle zu einer großen Familie.

Der Waran und die Python sind beides Raubtiere und auf ihrer Karte steht zum Teil das gleiche Menü: Nagetiere, Eidechsen, Vögel, Amphibien. Aber Pythons verschlingen schon mal größere Säugetiere, wenn ihnen eins über den Weg läuft, während Warane gern kleinere Tiere wie Insekten und Spinnen fressen. Warane und Pythons kommen auch in etwa in den gleichen Gebieten vor. Außerdem haben sie beide eine gespaltene Zunge, mit der sie riechen können.

Trotzdem sind die Beine ein wichtiger Unterschied. Die fernen Vorfahren von Schlangen besaßen sogar noch welche. Aber sie nutzten ihre Beine im Laufe von Tausenden und Abertausenden Jahren immer seltener, sodass sie schließlich verschwanden. Schon seit unzähligen Millionen Jahren kommen sie prima ohne sie klar. Pythons können ihre Beute würgen, indem sie sich eng um sie wickeln. Warane können ihre Beute mit den Beinen festhalten. Aber das ist eigentlich nur selten notwendig: Meistens schlagen beide Arten blitzschnell zu und haben ihre Beute im Nu getötet und im Maul. Warum umständlich, wenn es auch superschnell geht?

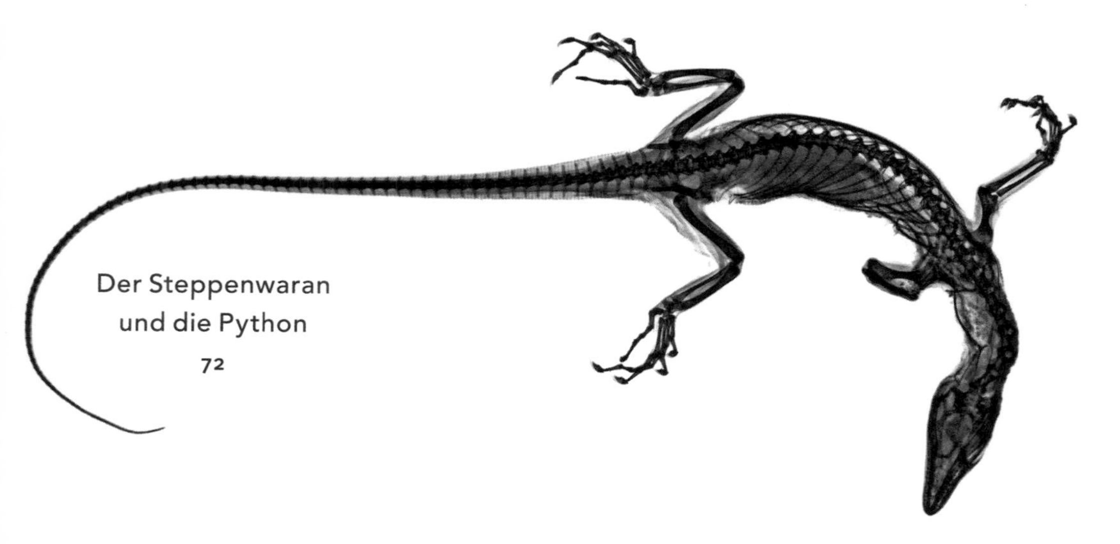

Der Steppenwaran
und die Python

Zwei Verlierer und ein Unentschieden

Ein Krokodil und eine Python. Zusammen macht das eine Menge messerscharfer tödlicher Zähne. Wer von den beiden würde in einem Kampf gewinnen? Im Internet sind viele schauerliche Filme von Kämpfen zwischen Krokodilartigen und Schlangen zu finden. Mal gewinnt die Schlange, mal das Krokodil. Beide Tiere brauchen einen Überraschungsangriff. Darum scheint die Python hier im Vorteil. Aber sie ist eine Würgeschlange. Also muss sie in der Lage sein, dem Krokodil vollständig die Luft abzuquetschen, nach und nach. Und dann kann so ein Krokodil auch noch ziemlich lange ohne Luft auskommen. Außerdem ist es viel größer und stärker. Sein Vorderbein beginnt erst bei dem dunklen Fleck rechts am Rückenwirbel. Und im Hintergrund siehst du den Rest seines großen Körpers. Also, tja, wer gewinnt?

In diesem Fall ist die Situation nachgestellt. Das Krokodil und die Python sind mausetot. Eigentlich haben sie beide schon verloren.

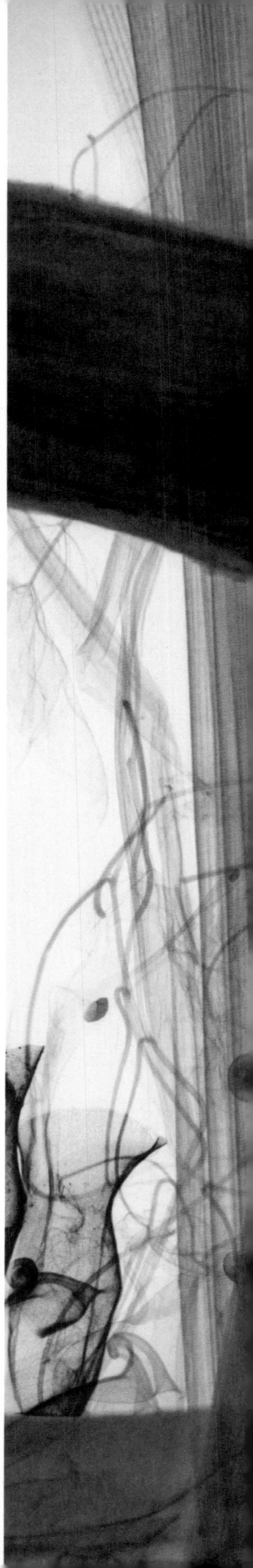

Das Krokodil
und die Python

Die Zunge des Todes …

Hört man etwas über Chamäleons, geht es fast immer um ihre Haut. Die kann, wie jeder weiß, die Farbe wechseln. Aber so besonders ist das nun auch wieder nicht. Wenn Menschen merken, dass ihr Hosenschlitz seit Stunden offen steht, wechseln sie auch sehr plötzlich die Farbe. Und weil man diese Farben auf Röntgenbildern nicht zeigen kann, haben wir einen guten Grund, einmal über interessantere Themen zu sprechen!

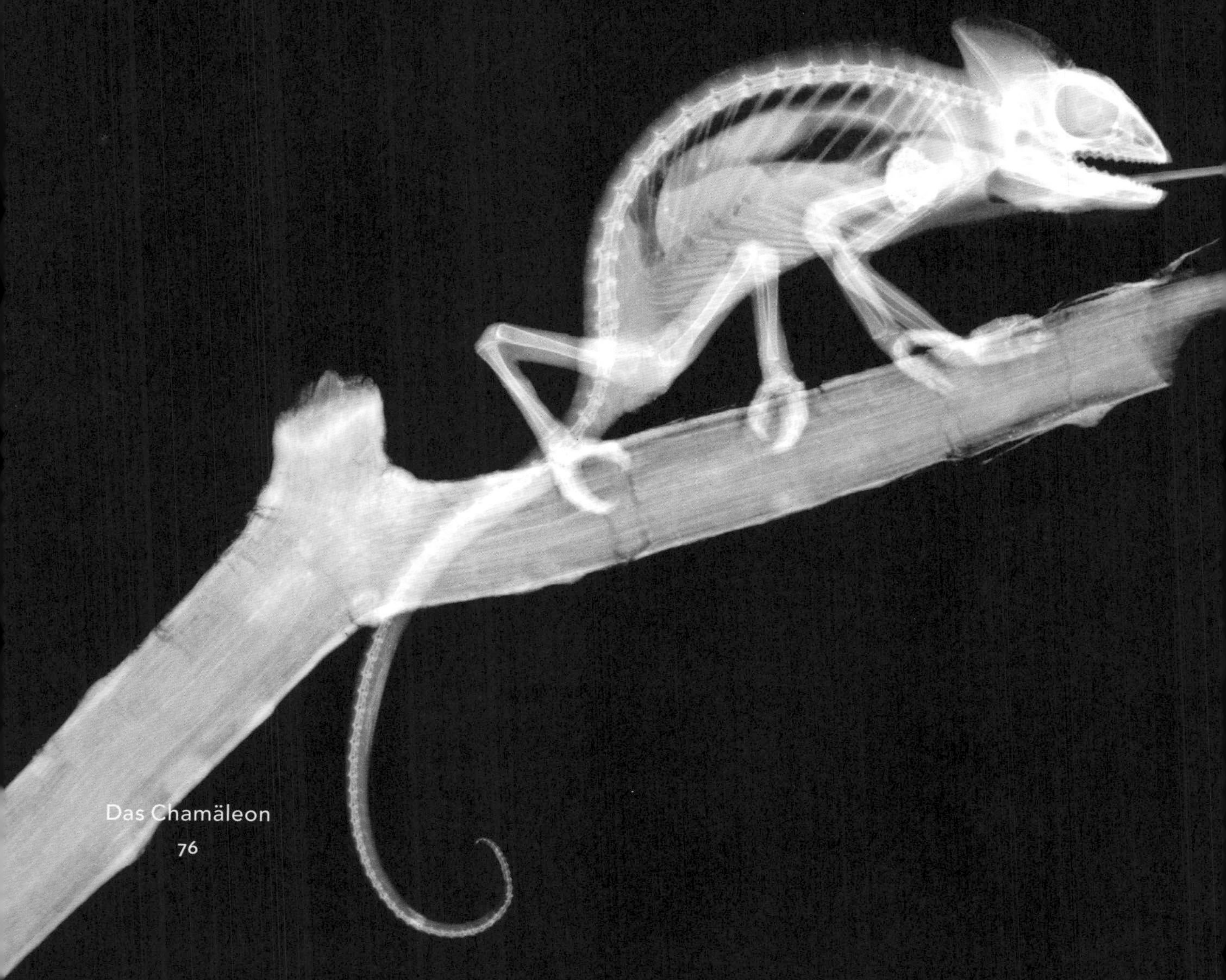

Beispielsweise über den Chamäleonschwanz, der sich so prächtig einrollen kann wie das junge Blatt eines Farns. Der Schwanz ist sehr kräftig; Chamäleons nutzen ihn als fünftes Bein, wenn sie in Bäume klettern. Und wie findest du die Beine, deren Zehen sich wie die Greifer einer Baggerschaufel um die Äste klammern? Genau wie bei Eulen verteilen sich die Zehen perfekt zu beiden Seiten der Beine. Aber das alles ist längst nicht das Bemerkenswerteste an diesem Tier. Das ist nämlich seine Zunge!

Die Zunge ist die wichtigste Waffe eines Chamäleons. Damit kann es seine Beute mit einer Geschwindigkeit von 25 Metern pro Sekunde von einem Baum pflücken. In Spielzeugläden gibt es Gewehre, die einen Korken abschießen, der an einer Schnur befestigt ist. So ähnlich funktioniert diese Zunge. Nur befindet sich am Ende kein Korken, sondern ein Saugnapf, mit dem das Chamäleon seine Beute ansaugt.

Die Zunge eines Chamäleons kann durchaus doppelt so lang sein wie sein Körper (ohne Schwanz in dem Fall). Diese gewaltige Zunge liegt wie eine Harmonika gefaltet in dem kleinen Kopf. Dass sie dennoch passt, liegt daran, dass die Chamäleonzunge im Normalzustand ein ganzes Stück kleiner ist. Sie ist dehnbar wie ein Gummi. Im Maul befindet sich außerdem ein Zungenbein, das wie ein Katapult funktioniert. Mit den kräftigen Muskeln in seinem Maul schießt das Chamäleon dieses Zungengummi mit hoher Geschwindigkeit ab. Ausgesprochen praktisch also! Aber wir können etwas mit unserer Zunge, das Chamäleons nicht können: reden. Und dazu dient dem Chamäleon die bunte Haut …

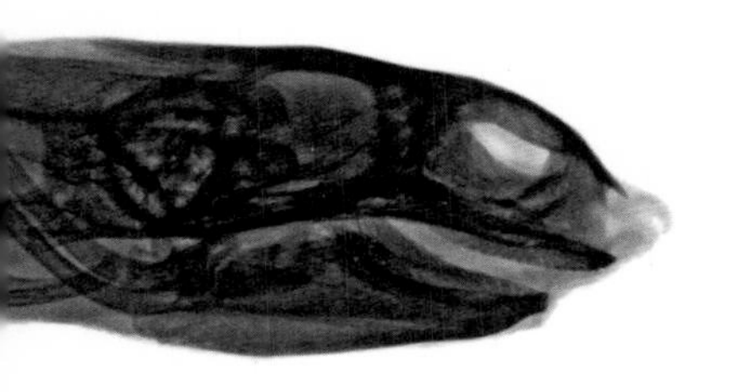

Kaltblütige Alte

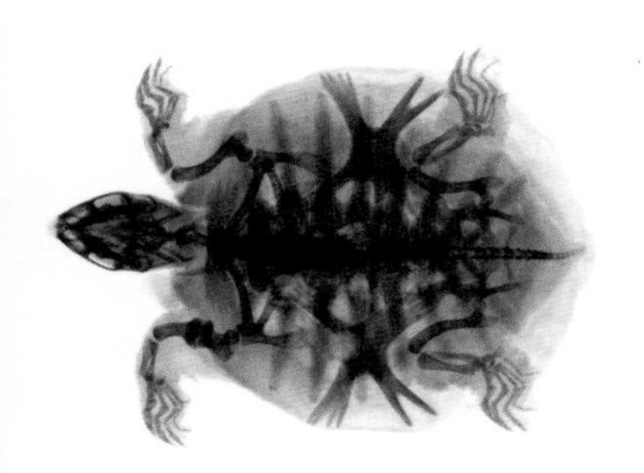

Schildkröten sind wie Seepferdchen doppelt geschützt. Von außen und von innen: mit einem Schild und mit Knochen. Auf dem Foto links kannst du das deutlich erkennen. Nur ist der Panzer nicht sehr dick, denn man kann Beine und die anderen Knochen sehr gut sehen. Der Schild braucht auch nicht so dick zu sein, denn die Rotwangen-Schmuckschildkröte lebt vor allem im Wasser. Und er funktioniert offensichtlich gut genug, denn Schildkröten können sehr alt werden.

Rotwangen-Schmuckschildkröten schaffen „nur" 50 Jahre. Was im Übrigen schon etwas ganz Besonderes ist für ein so kleines Tier, denn im Allgemeinen leben kleine Tiere kürzer als große. Riesenschildkröten werden also noch viel älter. Die älteste ihrer Art hieß Adwaita und wurde rund 250 Jahre alt. Sie starb im Jahr 2006. Die älteste Schildkröte, deren Alter tatsächlich relativ genau belegt ist, war Tu'i Malila, eine Strahlenschildkröte aus Madagaskar, die zwischen 189 und 193 Jahre alt wurde.

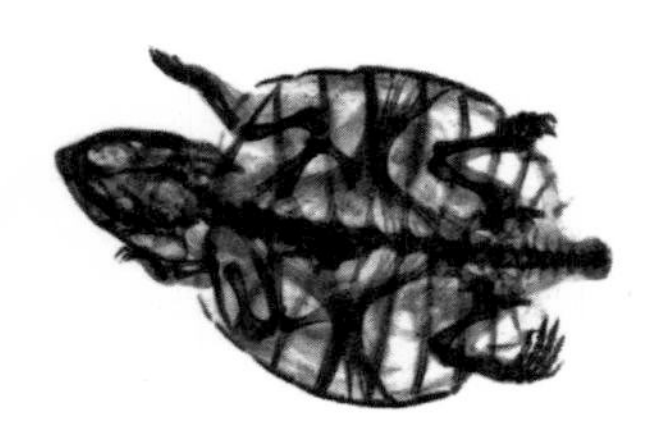

Gut geschützt sein ist also praktisch. Aber es ist nicht das wahre Geheimnis des Alters. Das ist der Stoffwechsel. Schildkröten haben einen unglaublich langsamen Stoffwechsel. Das bedeutet, dass sie wenig Energie verbrauchen, und damit kann man so richtig alt werden! Je langsamer der Stoffwechsel, desto länger halten die Zellen durch. Und je länger die Zellen durchhalten, desto älter wird man natürlich. Das älteste Tier, das je lebte, war keine Schildkröte, sondern eine Muschel von sage und schreibe 507 Jahren!

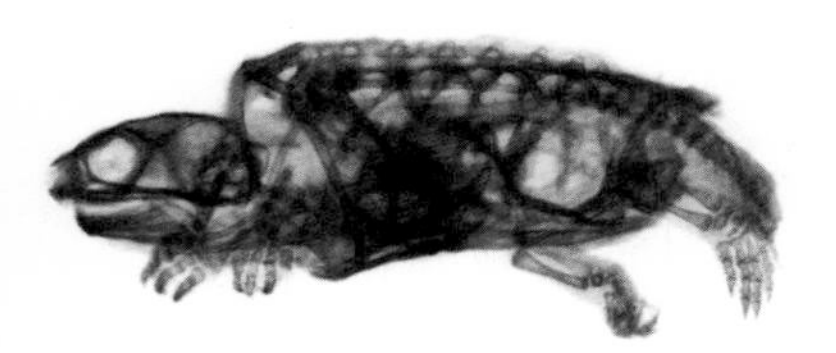

Menschen und andere Säugetiere sind Warmblüter. Wir verbrennen Energie in unserem Körper, damit wir warm werden. Wie andere Reptilien sind Schildkröten wechselwarme Tiere und gehören zur Gruppe der Kaltblüter. Sie wärmen sich nicht selbst, sondern nutzen dafür die Wärme der Sonne. Der Schild dieser Rotwangen-Schmuckschildkröte ist deswegen nicht nur ein Panzer, sondern auch ein Solarpanel. In der warmen Sonne hat das Tier also mehr Energie und ist schneller als im kühlen Wasser.

Die Rotwangen-Schmuckschildkröte

Wenn du also ein paar hundert Jahre alt werden willst, musst du einen Helm und einen Panzer tragen und herausfinden, wie du von einem warmblütigen zu einem kaltblütigen Lebewesen wirst.

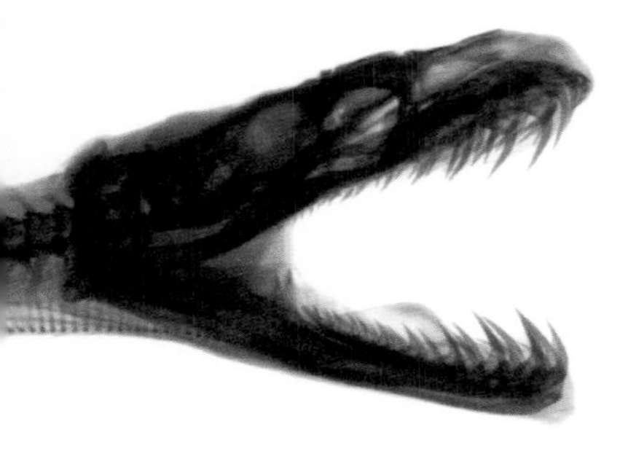

Je größer der Appetit, desto größer das Maul

Die Würgeschlange

Dreimal darfst du raten, was eine Rattenschlange so frisst? Genau, Mäuse! Und Frösche, Vögel, Eidechsen und, oh ja: Ratten. Bis dahin nicht so ungewöhnlich, sollte man denken. Bis du dir klarmachst, dass der Kopf der Rattenschlange (rechts) noch viel kleiner ist als deine Faust und eine Ratte viel größer. Wie kriegt eine Würgeschlange dieses Tier denn ins Maul, so ganz ohne Messer und Gabel? Die Antwort auf dieses Rätsel steckt im Schädel der Schlange. Der ist nämlich außergewöhnlich praktisch konstruiert. Nicht nur bei dieser Würgeschlange, sondern bei allen Schlangen. So gibt es größere Schlangen, die sogar eine komplette Ziege verspeisen können.

Bring deine Hand einmal in die Form eines Schlangenkopfes. Hier links siehst du den einer Python. Dein Daumen ist dann der Unterkiefer und deine Finger bilden den Oberkiefer. Öffne das „Maul" der „Schlange" jetzt so weit wie möglich. Genau so weit kann auch die Schlange ihr Maul aufsperren. Und dann passt plötzlich sehr wohl ein größeres Tier hinein. Die Kiefer einer Schlange sind außerdem nirgends befestigt. Ihr linker und ihr rechter Unterkiefer sind nicht miteinander verbunden, sodass ihr Maul auch in der Breite mehr durchlassen kann. Die Zähne, die nach hinten zeigen, schieben die Beute bei jedem Bissen weiter in die Kehle hinein.

Kehle und Magen einer Schlange sind unglaublich elastisch, sodass alles, was durch das Maul passt, bequem durchrutschen kann. Auch der Brustkorb dehnt sich für den guten Zweck vollständig. Das sieht nur ein wenig komisch aus: eine dünne Schlange mit einem riesigen Knubbel in der Mitte. Als hättest du einen Fußball eingesaugt, der mitten im Staubsaugerschlauch stecken geblieben ist. Im Magen wird die Beute innerhalb weniger Tage verdaut. Schließlich bleiben vom Opfer nur noch ein paar kleine Kackbröckchen übrig. Der Rest ist von Kopf bis Schwanz vertilgt.

Apropos Schwänze … haben Schlangen eigentlich einen Schwanz oder sind sie ein Schwanz? Bevor du dir über dieses komplizierte Problem das Hirn zermarterst – wir haben die Antwort bereits gefunden: Schlangen haben einen Schwanz. Das liegt daran, dass sich die so genannte Kloake –

das ist das Loch, durch das Schlangen kacken, pinkeln und Eier legen – nicht am Ende, sondern kurz davor befindet. Der Teil dahinter ist der Schwanz. Und der ist auch noch hilfreich: Schlangen können ihn nämlich ein klein wenig krümmen, so dass er wie ein Wurm aussieht. Andere Tiere lassen sich davon anlocken und werden blitzschnell gepackt. Daher ist der Schwanz sogar bei nicht giftigen Schlangen höchst gefährlich.

Vögel

Wer nicht groß ist, muss größer wirken

Wenn wir einen Vogel sehen, glauben wir, einen Vogel zu sehen. In Wirklichkeit sehen wir nur eine gewaltige Portion Federn auf Füßen. Die eigentlichen Vögel verschanzen sich irgendwo tief darunter. Das Foto der beiden Eulen rechts zeigt, wie so ein Vogel wirklich gebaut ist.

Die imposante Schleiereule unten auf dem Bild ist ohne ihren Daunenmantel nur ein klappriges, dürres Käuzchen. Na ja, Käuzchen. Sie kann immer noch gut 40 Zentimeter groß werden und fängt spielend allerlei Nagetiere und kleine Vögel. Und so angenehm ist es nun auch wieder nicht, diese spitzen Klauen im Nacken zu spüren – ganz zu schweigen vom messerscharfen Eulenschnabel.

Außerdem stecken die Vögel, die sie fängt, genau wie sie unter einem solchen Haufen Federn. Die meisten von ihnen sind kleiner als diese Eule. Kurzum – es geht nicht darum, dass du groß bist. Es geht darum, größer zu wirken.

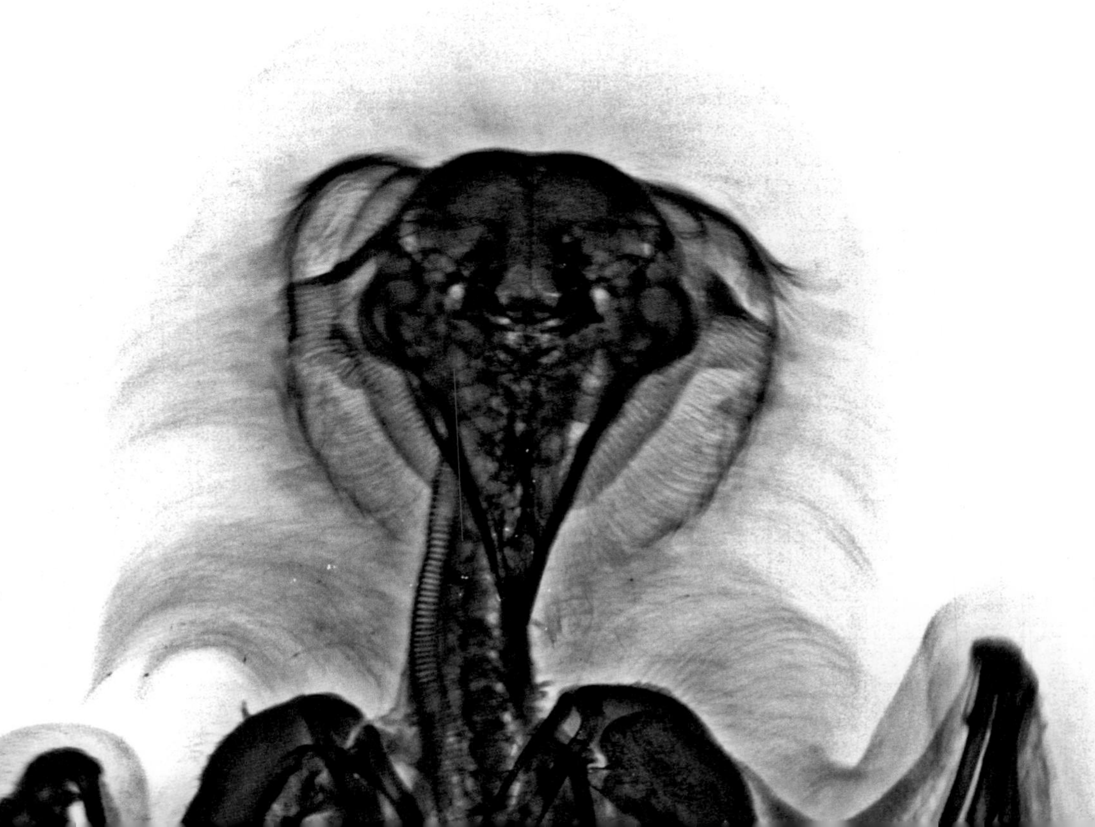

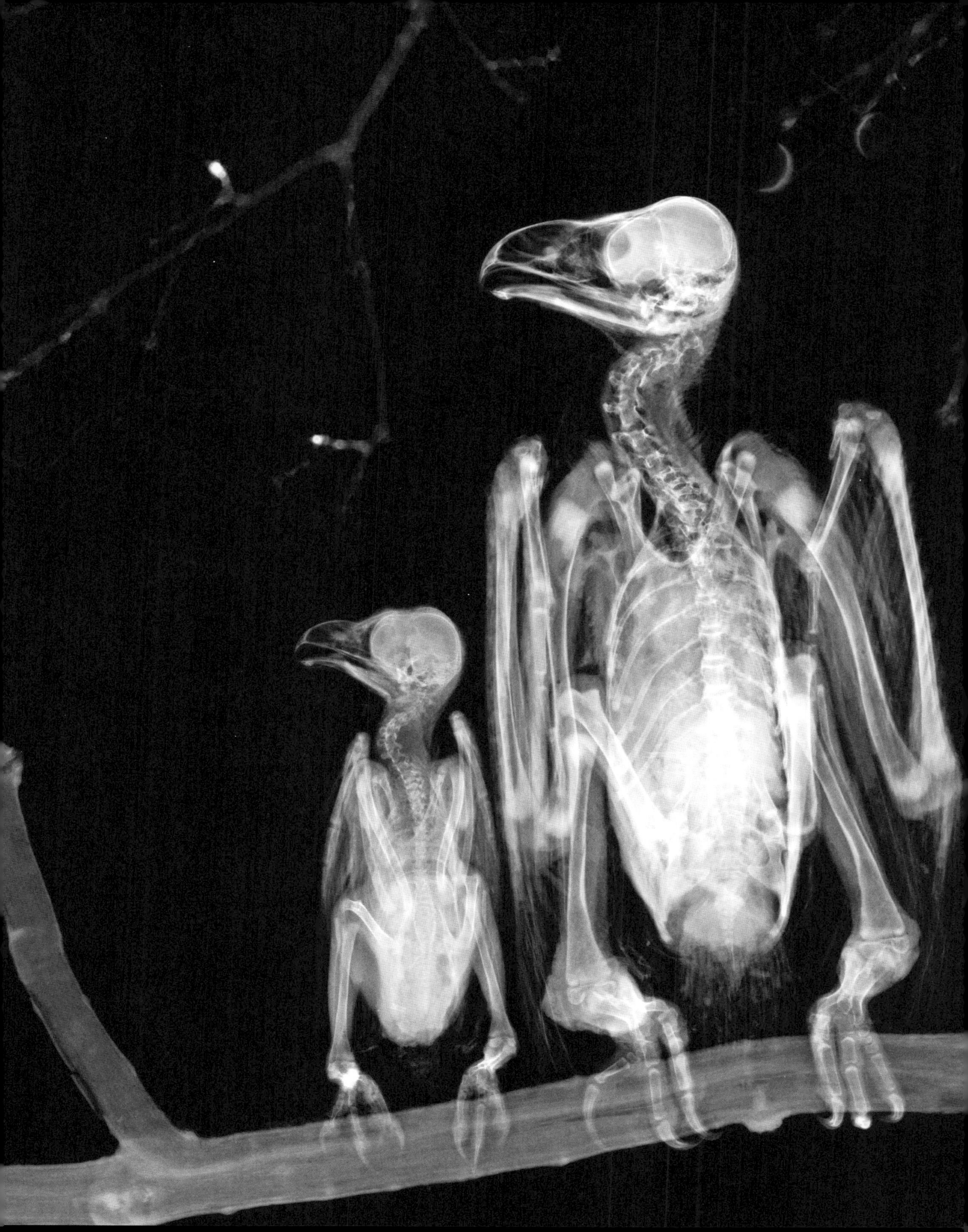

Luftschwimmen

Jahrhundertelang mühten sich unsere Vorfahren ab, endlich wie ein Vogel fliegen zu können. Es hat nie geklappt. Und warum nicht? Weil sie die Vögel immer nur von außen betrachtet haben und nicht von innen. Schade, schade, schade! Hätten sie sich die Vogelskelette mal etwas gründlicher angeschaut, hätten sie gewusst, dass es vollkommen unmöglich ist, sich mit ein paar Flügeln an den Armen in die Lüfte zu schwingen.

Damit man fliegen kann, muss man nämlich leicht sein und trotzdem einen hohen Luftwiderstand haben. Den Widerstand bieten natürlich die Flügel, mit denen sich die Vögel gegen die Luft nach oben drücken, als würden sie im Schmetterlingsstil auf dem Wind schwimmen. Aber das geht nur, wenn man gleichzeitig ganz leicht und ganz stark ist. Vögel sind das – wir nicht.

Trotzdem siehst du eine Menge Knochen in dieser Stelze. Und die sind doch schwer, oder? Nein – jedenfalls nicht, wenn man ein Vogel ist. Diese Knochen hier könnten Trinkhalme sein und sie wiegen auch kaum mehr als diese. Von innen sind sie hohl und es scheint, als wären sie voller kleiner Luftbläschen. So sind die Knochen stabil und leicht zugleich. Sogar der Schnabel ist leicht. Der ist nämlich nicht aus Knochen, sondern aus Keratin: dasselbe Material wie deine Haare.

Auf dem Foto kannst du auch sehen, woher Vögel ihre Kraft nehmen. An der Vorderseite der Stelze siehst du eine große helle Fläche, die unten vom Bauch bis zur Oberseite der Brust verläuft. Das ist der Brustbeinkamm. Bei uns befindet sich dort das Brustbein, ein eher bescheidener Knochen. Aber bei Vögeln ist dieser Kamm riesig. Das muss auch so sein, denn der Knochen muss den großen Brustmuskeln, die Vögel zum Fliegen brauchen, Stabilität bieten. In Sachen Brustmuskeln kommt kein Bodybuilder der Welt auch nur annähernd in die Nähe der Muskelpartie dieser kleinen Stelze! Und ohne diese Muskeln kann man nicht abheben, schon gar nicht mit unseren schweren Menschenknochen.

Umgekehrte Knie

Hier stimmt doch was nicht?! Die Knie der Waldohreule (rechtes Bild) schauen nach rechts und sie guckt zur linken Seite. Zumindest sieht es so aus. Aber wenn das so ist, dann zeigen ihre Füße in die falsche Richtung! Und wenn sie mit dem Rücken zu uns säße, würden ihre Knie in die falsche Richtung zeigen! Hm. Aber warte mal … sind das überhaupt Knie? Oder haben Waldohreulen gar keine?

Eulen haben Knie. Und die zeigen in dieselbe Richtung wie unsere. Sie sind nur schwer zu erkennen. Beim Bussard hier unten siehst du viel besser, wie es sich damit verhält. Der Oberschenkel der Waldohreule ist eigentlich ein Unterschenkel. Die „Knie" sind also die Fußgelenke. Was aussieht wie ihr Unterschenkel, ist der Mittelfußknochen, an dem sich die Zehen befinden. Und ihr Oberschenkel ist unter den Federn verborgen. Sie haben also dieselben Knochen wie wir.

Ufff. So kommt die Eule doch wieder richtig auf die Beine ...

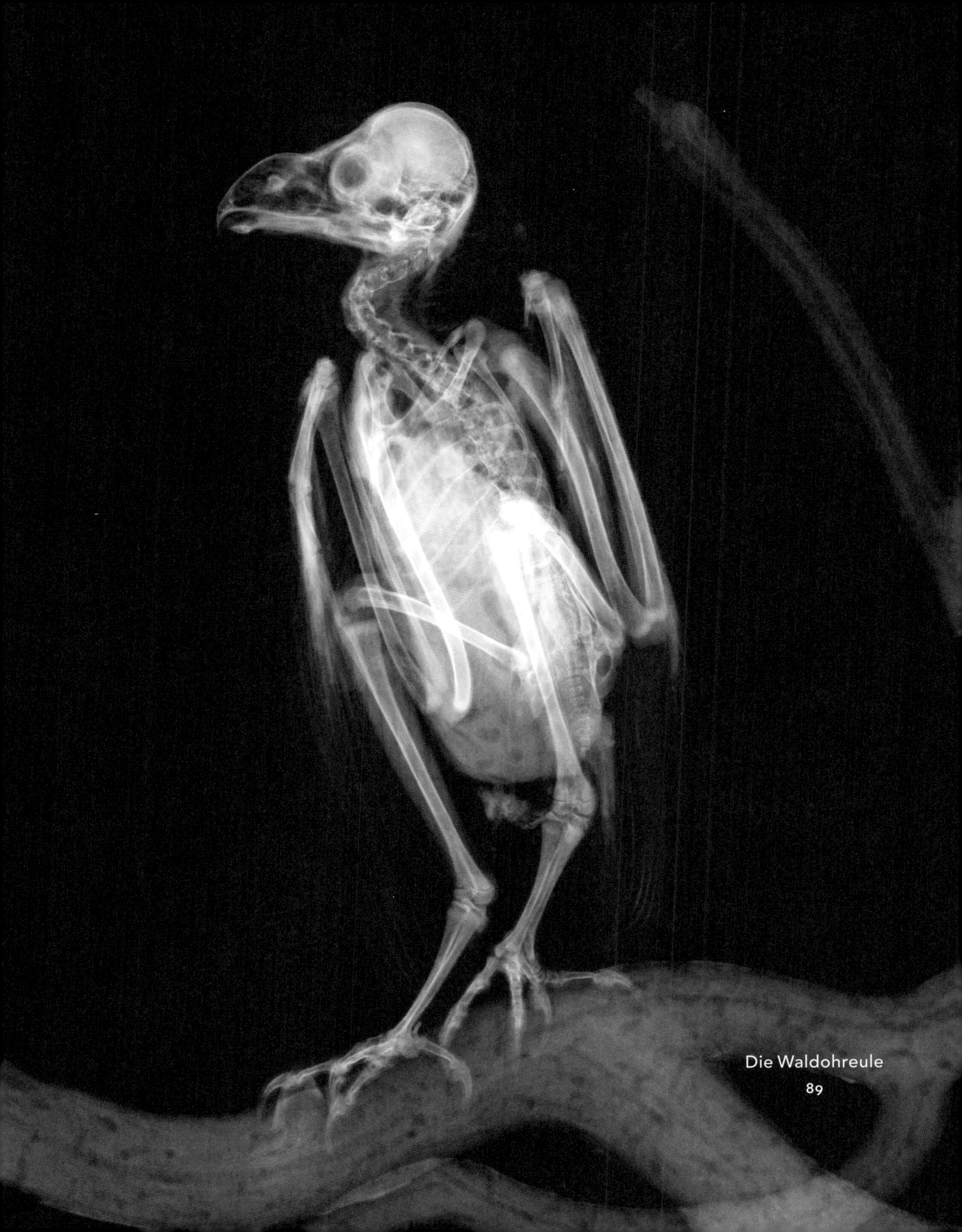

Die Waldohreule

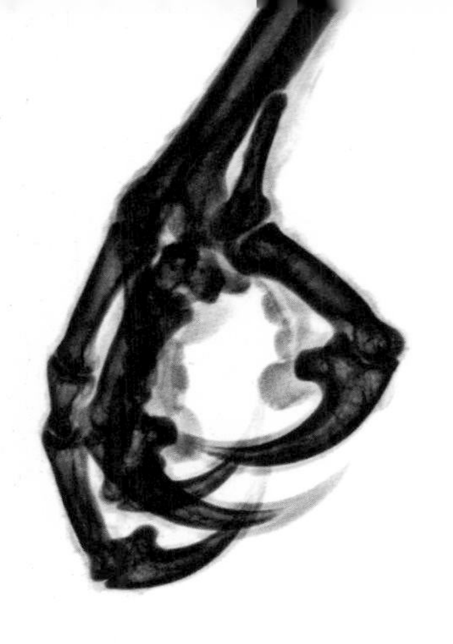

Volle Brust voraus!

An diesem Bussard kann man gut erkennen, dass auch die „Arme" eines Vogels den unseren durchaus noch ähneln, wenn auch mit kleinen Unterschieden. Genau wie bei uns geht der Oberarmknochen in Elle und Speiche über. Aber danach gerät es ziemlich außer Kontrolle. Seine Mittelhandknochen sind lang, seine Finger dagegen wieder deutlich kürzer. Bei uns ist es genau umgekehrt. Bussarde haben aber genau wie wir einen Daumen, den siehst du am oberen Ende. Daran befinden sich wieder zusätzliche Federn, sodass sie damit gut lenken können.

Der dunkle Fleck unter den Oberarmen zeigt die Muskelpartie, die der Vogel dort hat. Rund um die Flügelknochen selbst sind viel weniger Muskeln. Vögel fliegen also vor allem mit ihren Brustmuskeln und viel weniger mit ihren „Armmuskeln".

In seiner Kehle siehst du noch einen weiteren dunklen Fleck. Auf dem Foto hier unten erkennst du, was diesen Fleck verursacht: Er hat eine Maus im Hals!

Der Bussard

Vogel Strauß in Miniatur

Vögel, wie beispielsweise die Mauersegler, bleiben fast ihr Leben lang in der Luft. Sie wohnen dort, sie essen dort und sie schlafen dort (auch wenn wir nicht genau wissen, wie). Aber Fasane fühlen sich auf dem Boden wohler. Wenn Gefahr droht, rennen sie sogar davon. Erst wenn das nicht reicht, fliegen sie ein Stück. Auf dem unteren Foto siehst du gut, warum: Fasane sind ziemlich schwere Vögel und haben noch dazu einen recht kräftigen Schwanz mit langen Federn. Außerdem verspeisen sie am liebsten Samen, Knollen, Gras und Früchte – und diese Nahrung findet man am Boden und nicht in der Luft.

Mauerseglern ist mit kräftigen Beinen also nicht gedient, aber Fasanen umso mehr. Daher haben diese auch kräftige Unter- und Oberschenkel. Doch mit so schweren Beinen müssen sie beim Fliegen viel mehr Gewicht tragen. Und je schwerer die Beine, desto schwieriger das Fliegen, und je mehr sie laufen, … desto muskulöser werden die Beine. Wenn das so weitergeht, haben Fasane in tausend Jahren vielleicht genauso kräftige Beine wie der Vogel Strauß! Oder wird es umgekehrt sein?

Vorläufig fühlen sich Fasane jedenfalls noch ganz wohl in ihren Federn. Sie können problemlos etwa 60 Kilometer pro Stunde fliegen und daneben noch beachtliche Entfernungen über die Felder marschieren. Siehst du den scharfen Zapfen hinten am Mittelfuß? Das ist ein Sporn – eine sehr praktische und gefährliche Waffe, mit der sie ihren Feinden ganz ordentliche Verwundungen beibringen können. Vielleicht bleiben sie also doch noch eine Weile genau so, wie sie sind!

Der Fasan

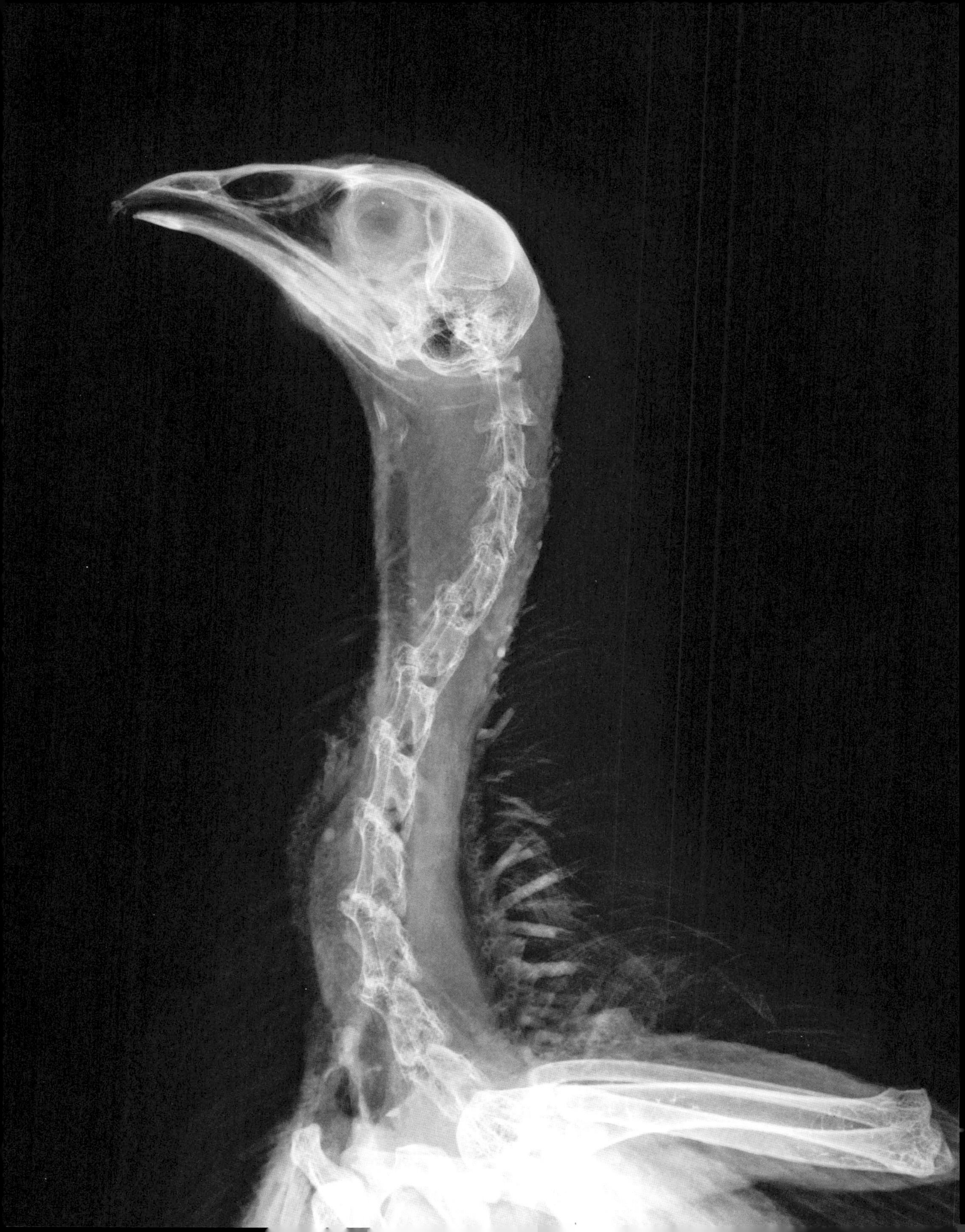

Schlafen auf einem Bein

Kräftige Beine bringen einem nichts, wenn man kein Laufvogel ist. Aber das heißt nicht, dass man mit dünnen Beinen wenig anfangen kann. Vögel haben kräftige Klauen, mit denen sie einen Ast ganz fest umklammern können. So schlafen manche Vögel sogar am liebsten auf einem Bein. Das andere Bein halten sie schön warm dicht am Körper. Es kostet sie keine Kraft, sich am Ast festzuhalten. Durch das Gewicht des Vogels zieht eine Sehne die Klauen in einen straffen Klammergriff. Stabiles Stehen strengt sie daher gar nicht an. Uns allerdings schon – oder schläfst du auch am liebsten auf einem Bein in einem Baumwipfel?

Zulandezuwasserundinderluftvogel

Manche Vögel fühlen sich in der Luft wohler, andere auf dem Land, und es gibt Vögel, die sich wie ein Fisch im Wasser fühlen. Wie bei den Laufvögeln die Beine, verraten schon die Füße der Wasservögel sofort, wo sie sich am liebsten aufhalten – denn in einem Baum helfen Schwimmhäute nicht viel.

Bei einer Ente funktionieren die Schwimmhäute viel besser als die Gummi-Schwimmflossen, die es in Tauchshops zu kaufen gibt. Sobald Enten ihre Füße nach vorne durch das Wasser bewegen, falten sich die Häute zusammen, damit sie geschmeidig und mit wenig Widerstand durchs Wasser gleiten können. Drücken sie die Füße nach hinten, entfalten sich die Schwimmhäute wieder, sodass die Kraft, mit der sie sich durch das Wasser stoßen, besonders hoch ist. So schieben sich die Enten vorwärts.

Auch der Schnabel einer Ente ist ganz auf Wasser eingestellt. Er ist wie ein Sieb, denn an den Rändern befinden sich jede Menge kleiner Schlitze. Unter Wasser lassen Enten den Schnabel volllaufen und drücken es anschließend mit der Zunge wieder nach außen. Danach essen sie alle Wasserpflanzen und -tiere auf, die in diesem „Sieb" hängengeblieben sind. Und weil ihr Hals so lang ist, kommen sie auch an alles leicht heran.

Das hätte was – laufen und fliegen können und den ganzen Tag gemütlich auf Teichen und Wassergräben herumschaukeln! Enten haben das gut geregelt. Im Grunde werden wir ihnen nicht gerecht, wenn wir sie Wasservögel nennen. Eigentlich sind es ja Zulandezuwasserundinderluftvögel.

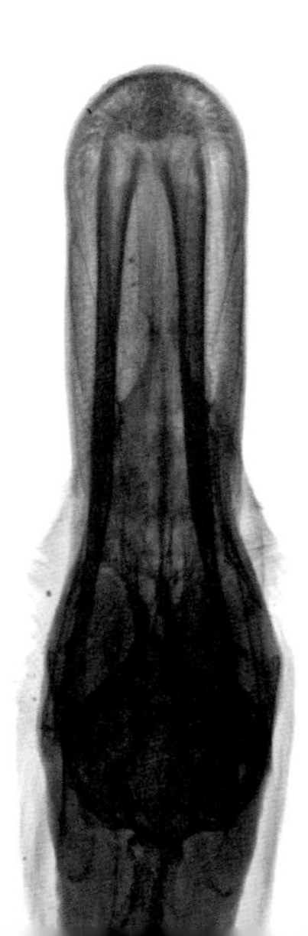

Such die Unterschiede!

Wer auch nur ein Fünkchen Ahnung von Vögeln hat, erkennt den Unterschied zwischen einer Elster, einem Eichelhäher und einer Krähe sofort. Aber ohne Federn wird es plötzlich um einiges schwieriger … Von innen sieht man jedoch viel besser als von außen, dass sie miteinander verwandt sind.

Dasselbe gilt für Amseln, Singdrosseln und Stare. Von innen sehen sie gleich aus, doch von außen sind sie vollkommen unterschiedlich. Ganz zu schweigen von ihrem Gesang! Obwohl? Stare klingen hin und wieder wie Amseln oder Singdrosseln: Sie können andere Vögel mit spielender Leichtigkeit imitieren. Aber so gut Stare auch imitieren können, sind gerade Amseln und Drosseln am nächsten miteinander verwandt. Erkennst du das auch an ihren Knochen?

Säugetiere

Flatterhände

Man muss kein Vogel oder Insekt sein, um fliegen zu können. Säugetiere können das auch! Hauptsache, ihre Hände sind groß genug! Hände? Ja, schau mal gut hin. Die Flügel einer Fledermaus befinden sich nicht nur an den Armknochen, wie bei einem Vogel, sondern vor allem auch rund um ihre Hände. Fledermäuse haben daher auch superlange Finger. Nur ihre Daumen sind kurz. Das sind die kleinen Fortsätze oben auf den Flügeln. Fledermäuse haben nicht so praktische Federn wie Vögel; sie schweben einfach mit ihrer Haut. Außerdem haben sie auch nicht die luftgefüllten Knöchelchen, die Vögel so leicht machen. Stattdessen sind ihre Knochen ganz dünn.

Die Hinterbeine von Fledermäusen sind im Vergleich zum restlichen Körper sehr klein. Auf diesen Beinen können sie nicht oder kaum stehen. Das machen sie daher auch nie. Fledermäuse hängen lieber. Ihre Klauen sind so konstruiert, dass sie hängend schlafen können. Wenn Fledermäuse erst einmal hängen, „verschließen" sich die Klauen, wie bei Vögeln, und sie können nicht herunterfallen.

Auf dem Foto ist es sehr schwer zu erkennen, aber die Knie von Fledermäusen drehen sich genau andersherum als unsere Knie oder die von Hunden und Katzen. Wenn sie über den Boden kriechen, ragen ihre Knie also nach oben. Ihr Kriechen wirkt daher auch recht unbeholfen, vor allem, weil ihre Vorderbeine aus Flügeln bestehen. Aber dank dieser Knie „kriechen" sie wiederum genauso leicht falsch herum über eine Höhlendecke – und das wirkt dann sehr geschickt!

Mit ihrem Säugetierskelett ähnelt die Fledermaus viel mehr einem Menschen als alle anderen Tiere, die wir bislang gesehen haben. Ihr Skelett ähnelt sogar mehr dem eines Menschen als dem einer Maus. Vielleicht sollten wir sie deswegen in Zukunft lieber Fledermensch nennen? Oder warte – gab es so einen nicht schon mal? Hieß der nicht Batman?

Supermäuse

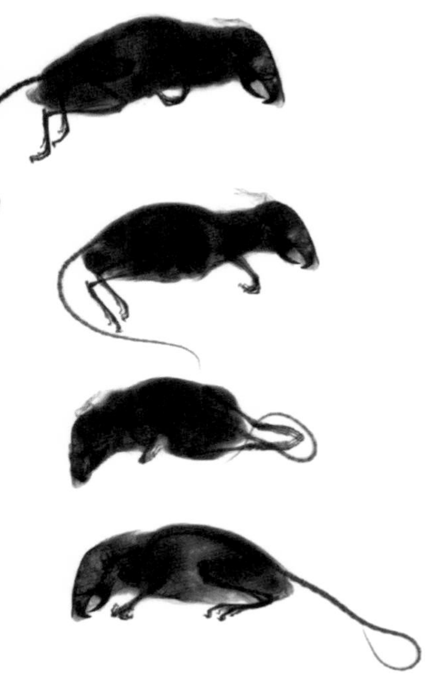

Da sie einen sehr zweckmäßigen Körperbau haben, können Mäuse fast alles machen, was sie wollen. Man könnte fast neidisch werden! Ihre Knochen sind dünn und leicht, aber sehr stark. Und um diese Knochen herum befinden sich genauso kräftige und geschmeidige Muskeln. Damit können sie klettern, rennen, springen, kriechen, graben und schwimmen. Dank ihrer unglaublich kräftigen Hinterbeine gelangen sie mit Leichtigkeit auf Anrichten oder Küchenschränke. Die Krallen an ihren Vorderbeinen können sich an allem bequem festklammern. Fliegen können Mäuse noch nicht, aber sonst sind es richtige Alleskönner. Und Allesfresser, wie es scheint.

Denn jeden Tag ziehen sie bestimmt zwanzigmal los und suchen Nahrung. Samen, Früchte, kleine Tiere: Alles, was essbar ist, wird dann verputzt. Ihre messerscharfen Zähne sind ihnen dabei eine große Hilfe. Sie schneiden die härtesten Nüsse, die dicksten Wurzeln und die stärksten Stromkabel. Fressen sie die dann auch? Nein, aber sie nagen daran. Genau wie an Isolationsmaterial, Büchern und altem Kram in Kellern und auf Dachböden. Danach kauen sie darauf herum, um es anschließend als Baumaterial für ihre Nester zu verwenden. Daher sind sie eigentlich keine Allesfresser, sondern Allesnager.

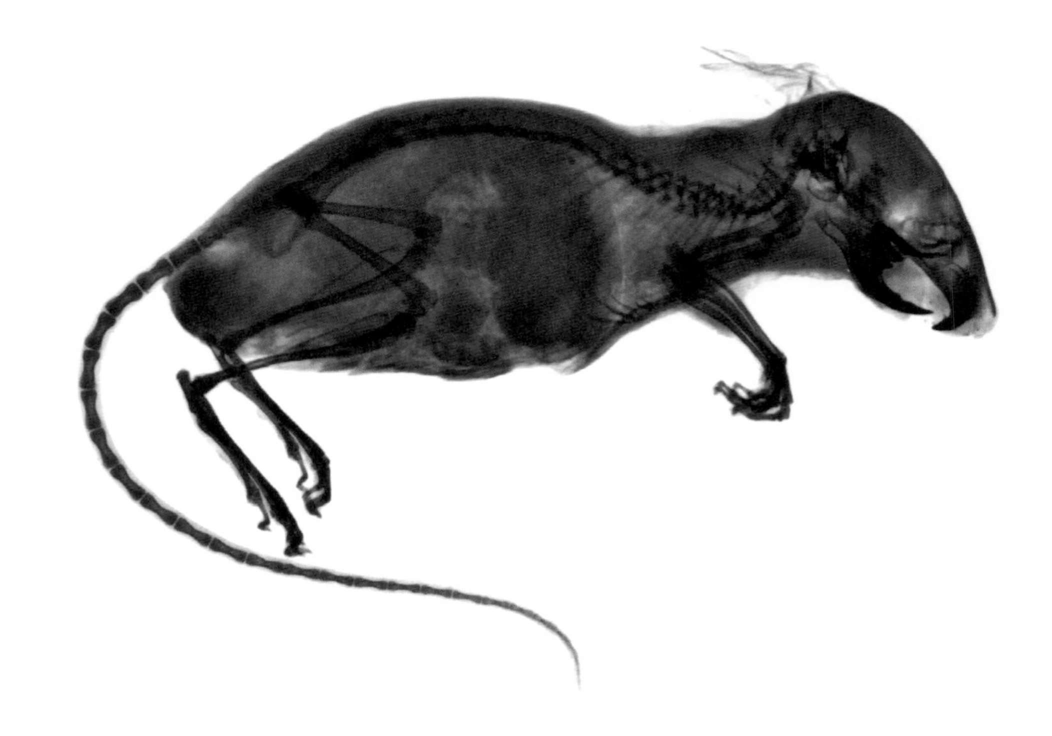

Rattenduft und Mäusedreck

Mäuse und Ratten gehören zu einer Familie – das kann man sehr gut erkennen. Auf den ersten Blick wirkt diese Ratte einfach wie eine zu groß geratene Maus. Es ist daher auch ganz schön schwierig, auf einem Foto eine junge Ratte von einer erwachsenen Maus zu unterscheiden. Doch es gibt ein paar eindeutige Merkmale. Der Kopf einer Ratte ist im Verhältnis etwas kräftiger als der einer Maus. Ihre Pfoten sind etwas größer, die Ohren dagegen etwas kleiner. Und schließlich ist ihr Schwanz ein wenig dicker. An ihrem Kot kannst du sie jedoch leicht erkennen: Rattenkötel sind viel größer als Mäusedreck.

Der wichtigste Unterschied liegt jedoch in ihrem Verhalten: Ratten machen Jagd auf Mäuse, aber Mäuse nicht auf Ratten. Mäuse haben eine Todesangst vor Ratten. Schon ihr Duft reicht aus, um einer Maus einen höllischen Schrecken einzujagen. Deswegen solltest du Mäuse lieber mit Rattenduft verscheuchen, als sie mit einem Käsewürfel zu locken. Ratten und Mäuse können sich wirklich auf den Tod nicht ausstehen. Aber, ach, in welcher Familie gibt es nicht hin und wieder Streit?

Witz- und Spühlmäuse

Eine Fledermaus ist natürlich keine Maus. Aber diese Wühlmaus ist das auch nicht. Die Wühlmaus ist enger mit dem Hamster verwandt als mit der Maus. Sie ist trotzdem ein echtes Nagetier, wie eine Ratte. Den größten Unterschied zwischen den Tierchen macht daher auch ihr Gebiss. Und es gibt noch mehr Mäuse, die gar keine sind, wie die Spitzmäuse. Die gehören nämlich zur Familie der Maulwürfe und Igel.

Auch wenn sie „Mäuse" genannt werden und wie Mäuse aussehen, sind es ganz unterschiedliche Arten. Aber Mäuse, Wühlmäuse und Spitzmäuse sehen sich sogar ähnlicher als manche Hunderassen – denk nur mal an einen Chihuahua und einen Bernhardiner! Die ähneln sich viel weniger, gehören aber zur selben Art! Verwirrend, was?

Hunde, Katzen und Mäuse sind ganz klar drei verschiedene Arten. Doch Chihuahuas, Bernhardiner und Dackel sind einzelne Rassen innerhalb einer Art: des Hundes. Der Unterschied zwischen Tierrassen und Tierarten liegt daher auch nicht im Äußeren. Man gehört sogar zur selben Art, wenn man sich mit einem anderen Tier fortpflanzen kann und gesunde Junge bekommt, die sich auch wiederum fortpflanzen können. Bei einem Chihuahua und einem Bernhardiner ist das grundsätzlich möglich – bei einem Hund und einer Katze nicht. Wenn man die miteinander paaren könnte, bekäme man keine Jungen. Und wenn es doch zwischen den verschiedenen Arten gelänge, sind ihre Kinder später unfruchtbar. So gibt es beispielsweise Töwen und Liger aus Löwen und Tigern, und die können keine Junge bekommen.

Links auf dem Foto siehst du übrigens ein Wiesel. Und nein, das ist keine Kreuzung zwischen einer Wildkatze und einem Esel.

Unterschiedliche Ähnlichkeiten

Tja. Wieder zwei Tiere, die sich so ähnlich sehen! Aber wenn etwas gut gelungen ist, braucht man ja auch nichts zu ändern. Und das gilt offenbar für das Skelett kleiner Säugetiere. Natürlich gibt es ein paar Unterschiede. Hasen sind meist etwas stämmiger und haben im Verhältnis auch längere Ohren und vor allem viel längere Hinterbeine.

Trotzdem fallen besonders die Ähnlichkeiten auf. So sind sowohl bei Hasen (rechts) als auch Kaninchen (unten) die Hinterbeine viel größer als die Vorderbeine. Daraus ziehen sie ihre große Schnelligkeit und Sprungkraft. Ihre Vorderbeine brauchen sie vor allem zum Landen nach jedem Sprung. Auch die Zähne ähneln sich sehr. Sie sind unglaublich lang und wurzeln tief unten im Kiefer. Vorn siehst du ein doppeltes Set mit messerscharfen Schneidezähnen und weiter hinten im Maul befinden sich die Backenzähne. Bemerkenswert ist bei beiden Tieren auch, dass sie an Stellen mit vielen Muskeln ziemlich dünne Knochen haben. Damit können sie zwar schnell rennen, aber es kommt unterwegs auch häufiger zu Knochenbrüchen.

Tiere, die sich so ähneln, werden sich wohl auch ähnlich verhalten, sollte man meinen. Falsch! Hasen leben allein und Kaninchen in Gruppen. Hasen schlafen in einer Kuhle und Kaninchen in einer unterirdischen Höhle. Neugeborene Hasen sind schon fix und fertig, Kaninchen sind dann noch kahl, blind und hilflos. Außerdem sind Hasen kräftiger und können länger und schneller rennen. Wenn es so richtig gefährlich wird, sind Kaninchen eher, äh … Angsthasen.

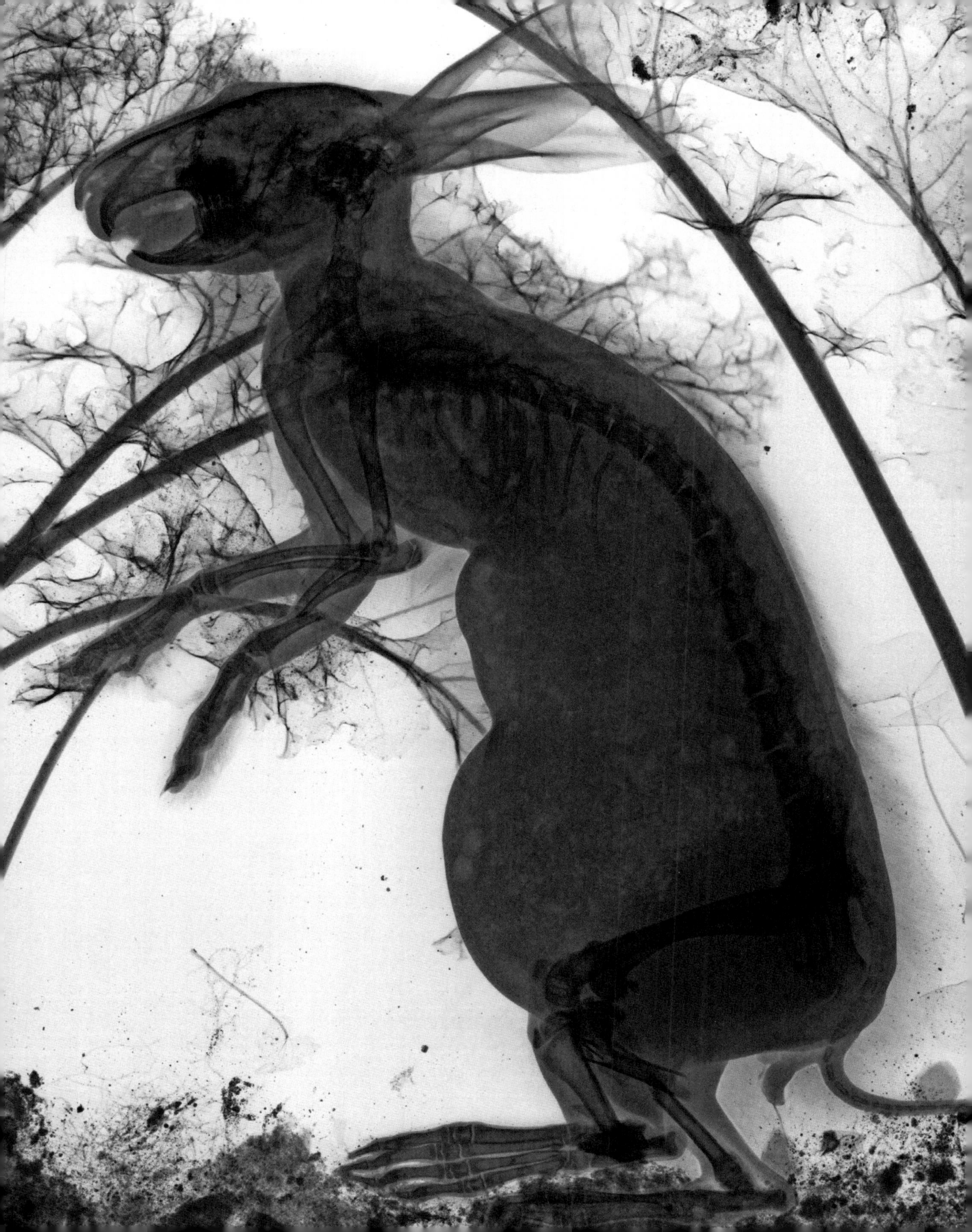

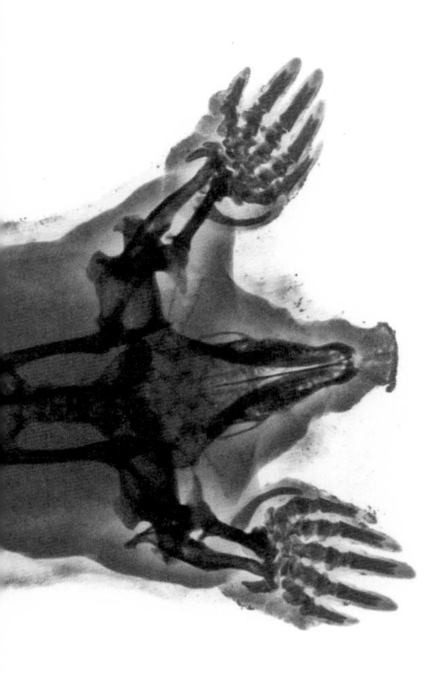

Säugetiere haben nie mehr als fünf Finger (selbst wenn sie sechs haben)

Langgestreckter Körper, spitze Schnauze: Der Maulwurf ist eigentlich ein unterirdischer Dackel. Und das ist nur gut für den Maulwurf, denn wenn man sich sein Leben lang durch enge, selbst gegrabene Tunnel pflügen muss, will man keine langen Beine im Weg haben. Und schon gar keinen runden Körper! Was hätte man denn gern unter der Erde? Große Hände zum Graben, starke Beine und keine seltsamen Fortsätze, die beim Kriechen hängen bleiben. Nun – beim Maulwurf ist das bestens gelungen!

Wenn du dir das Foto seiner Hand genauer anguckst, zählst du nicht fünf, sondern sechs Finger. Der „Haken", den du am Handgelenk siehst, ist eine Art zusätzlicher Daumen. Er ist nicht beweglich, doch er sorgt für eine größere Oberfläche. So kann der Maulwurf beim Graben mehr Erde wegschaufeln. Aber Säugetiere stammen von Tieren mit je fünf Fingern und Zehen ab. Menschen, Mäuse, Fledermäuse, Bären und ganz viele andere Arten haben daher auch alle, wie es sich gehört, fünf Stück. Manchmal ist ein kleiner, unnötiger Zeh verschwunden oder der Fuß hat sich in einen Huf mit noch weniger Zehen verwandelt. Das lässt sich alles erklären, aber ein zusätzlicher Finger? Wie kommt man denn dazu? Auch Biologen haben sich lange hinter den Ohren gekratzt und sich über diese Frage den Kopf zerbrochen.

Der Extrafinger sieht schon ganz anders aus als die anderen Maulwurffinger: Er hat keine Fingerknöchel und besteht aus einem Stück. Außerdem hat er keinen Fingernagel. Es ist daher auch kein echter Finger, sondern ein kräftig gebauter, kleiner Handgelenkknochen. Maulwürfe sind nicht die einzigen Tiere mit einem falschen Finger. Pandabären haben auch einen zusätzlichen. Den können sie gut gebrauchen, um sich am Bambus festzuhalten. Letzten Endes sind die Pfoten aller Säugetiere aber ähnlich konstruiert. Das kannst du an den Fingern abzählen!

Der Maulwurf

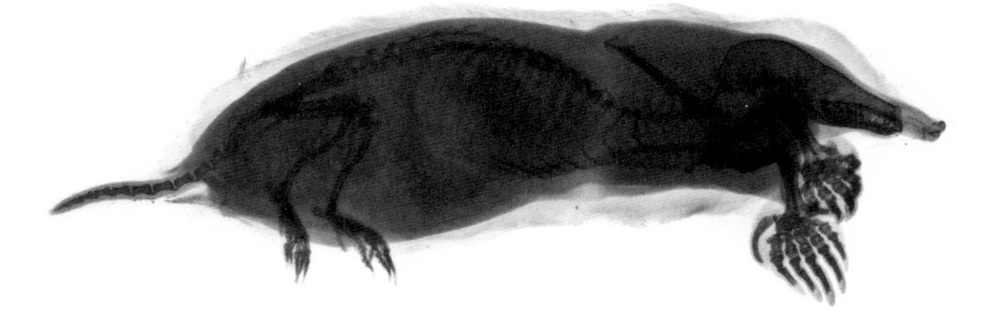

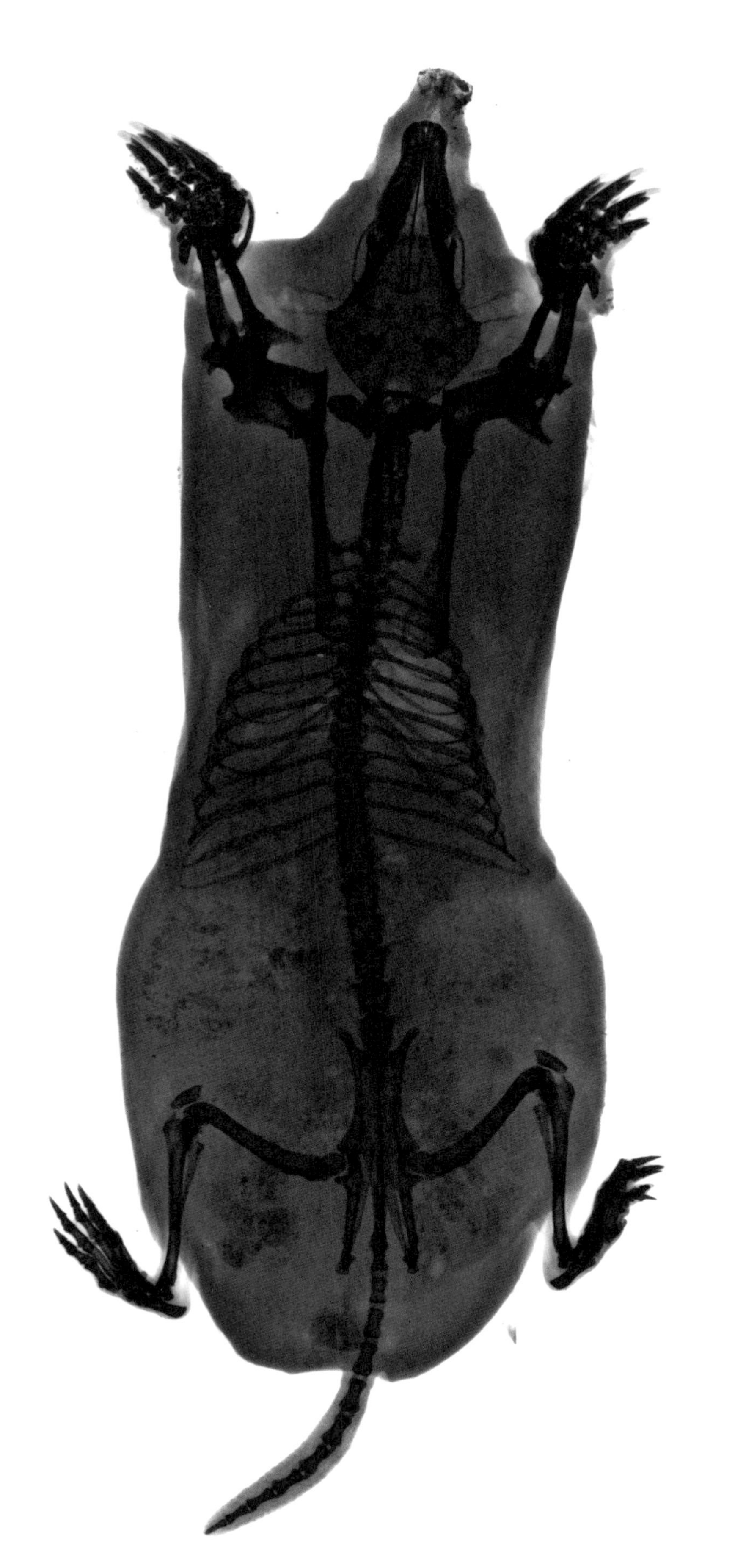

Der Stachelmaulwurf

Schon bei den Vögeln war zu erkennen, dass ohne ihr Federkleid nicht viel von ihnen übrig ist – und hier wird auch der Igel als Angeber entlarvt. Unter seinen Stacheln ist er bedeutend kleiner. Trotzdem hat er einen sehr muskulösen Rücken. Bloß – was macht er denn mit diesen ganzen Muskeln? Sie erfüllen für ihn einen sehr wichtigen Zweck: Er nutzt sie zum Aufstellen seiner Stacheln!

An seinen Zähnen, seiner spitzen Schnauze und seinen kurzen, kräftigen Beinen kannst du sehr gut erkennen, mit welcher Tierart er verwandt ist: dem Maulwurf. Nur graben Igel nicht unter der Erde, sondern bahnen sich einen Weg durch Blätter, Moos und Zweige. Über der Erde gibt es jedoch mehr Feinde, weswegen Igel ihre schützenden Stacheln brauchen.

Das einzige Problem ist: Igel haben nicht überall Stacheln. Das wäre außerdem auch sehr unpraktisch. Aber dafür haben sie eine Lösung. Genau an der Stelle, an der die Stacheln enden, haben sie einen langen, runden Muskel, wie ein Gummiband. Droht Gefahr von einem Raubtier, spannen sie diesen Muskel an. Das „Gummiband" zieht sich dann zusammen, sodass sich der stachelige Teil über den gesamten kleinen Körper stülpt. Dann bleibt nur noch eine piksende Igelkugel übrig.

Meist reicht das schon für die Sicherheit der Igel, doch Füchse scheinen einen Trick zu kennen. Manche Leute behaupten, Füchse würden eine solche Igelkugel ins Wasser rollen. Das Tierchen muss sich dann ausrollen. Andere sagen, sie pinkeln auf den zusammengerollten Igel – mit demselben Ergebnis. Auf so einen bepinkelten Igel muss man dann schon richtig Lust haben – und die Zahnstocher gibt es gratis dazu.

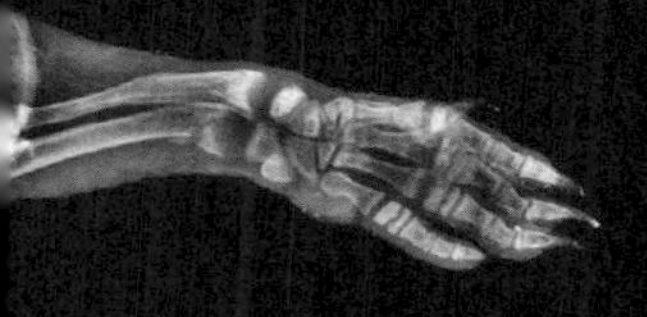

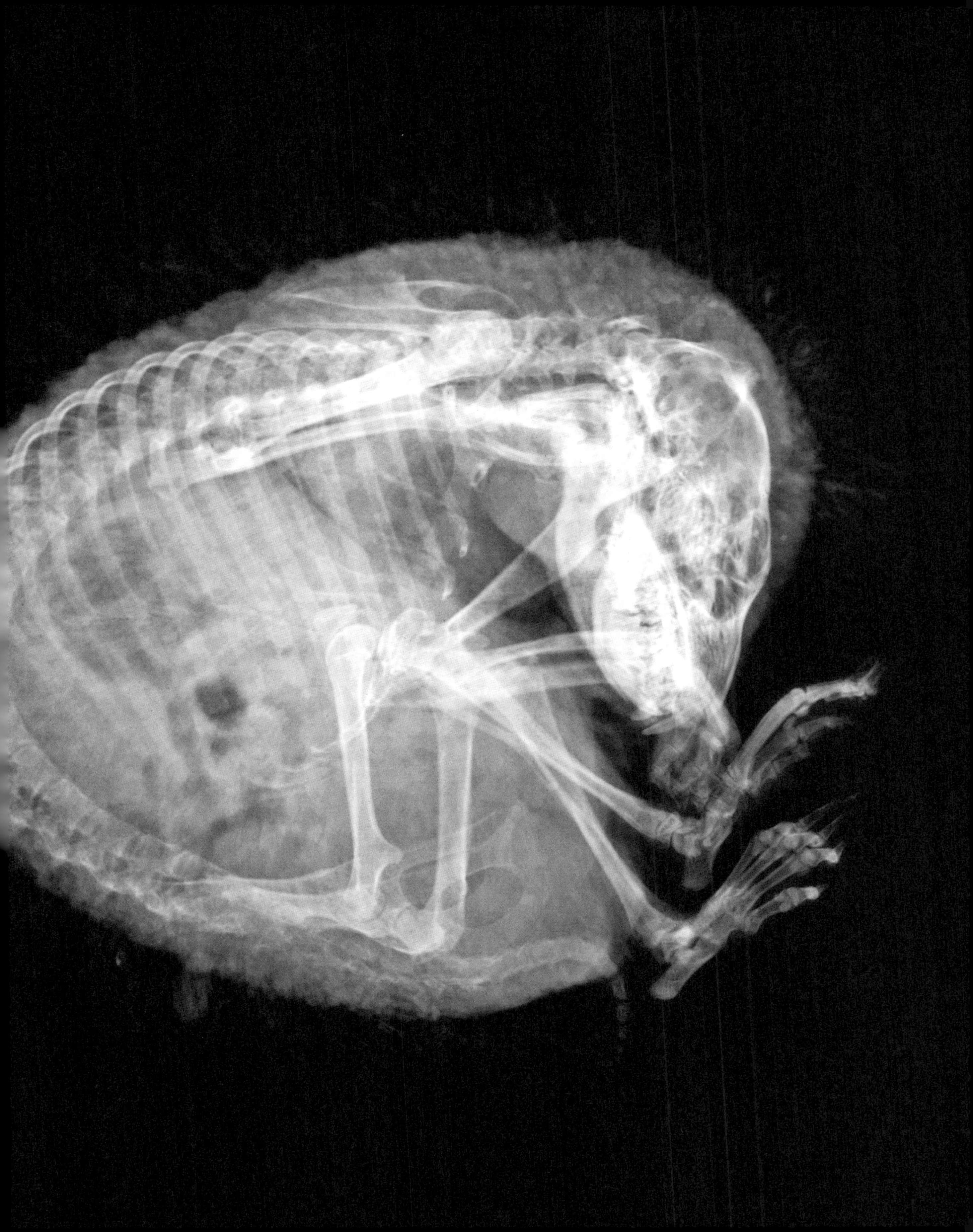

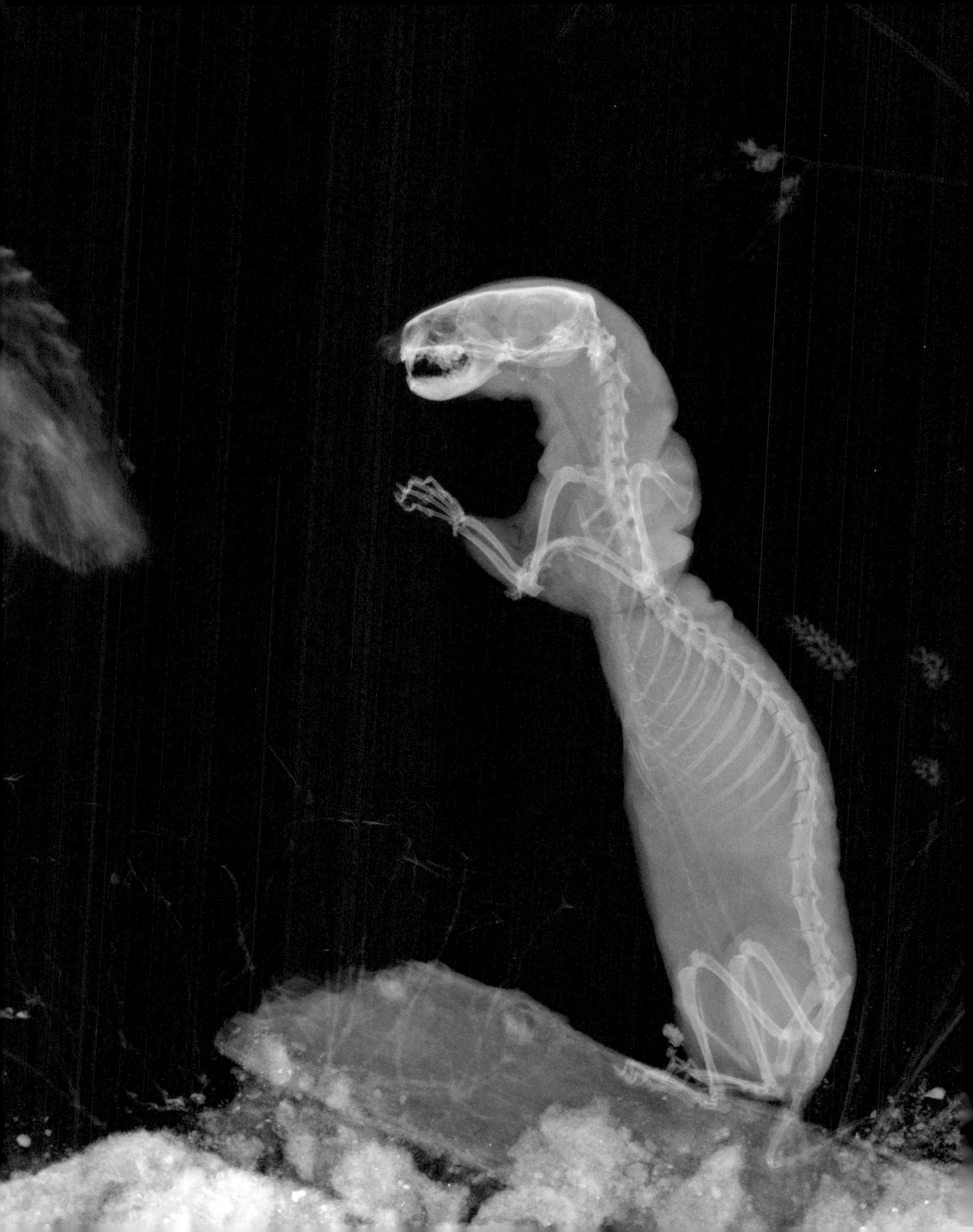

Weise wie ein Wiesel

Keine Nagezähne, sondern Eckzähne: Das ist ein Hinweis auf ein Raubtier. Und was für eins! Wiesel jagen Tiere, die größer sind als sie selbst. Wühlmäuse schmecken ihnen am besten, aber sie fressen auch Ratten, Maulwürfe und sogar junge Kaninchen und Hasen. Wiesel sind Superjäger und dabei … richtig: wieselflink. Wiesel fressen mit Leichtigkeit zwei Mäuse am Tag. Das müssen sie auch, denn sie verbrauchen große Mengen an Energie. Täglich futtern sie ungefähr ein Viertel ihres Körpergewichts.

An ihrem Körper kannst du erkennen, wie sie jagen. Genau wie Maulwürfe haben Wiesel einen langen Körper und kurze Beine. In einem engen unterirdischen Bau fühlen sie sich daher sehr wohl – dort finden sie auch die Wühlmäuse. Gegen diese tödlichen Eckzähne haben ihre Opfer so gut wie keine Chance. Außerdem haben Wiesel auch noch kräftige Krallen, die sie als Greifer nutzen können.

Es heißt auch, Wiesel seien ängstlich. Das ist verständlich, denn sie stehen selbst auf der Speisekarte einer ganzen Reihe von Tieren, von Raubvögeln bis zu Füchsen und Katzen. Aber ängstlich sind sie deswegen noch lange nicht, sondern einfach auf der Hut, und das ist sehr vernünftig! Zeit also für eine Änderung der Redensart „so flink wie ein Wiesel" in „so weise wie ein Wiesel"? Klingt auch nicht schlecht!

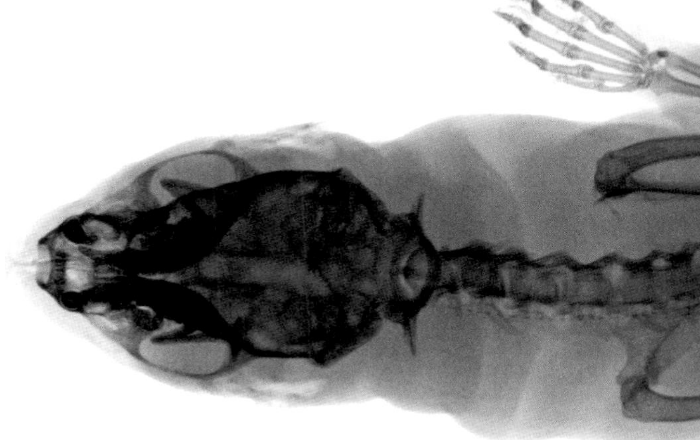

Das Wiesel

Fingerfertige Monster

„Das Innere zählt, nicht das Äußere": So lautet die Empfehlung vieler Menschen, wenn es um die Liebe geht. Lieber schön von innen als schön von außen, so heißt es dann weiter. In dem Fall wäre das Eichhörnchen bei den Menschen allerdings um einiges weniger beliebt, als es jetzt ist. Würde man ihm das wollige Fell und den flauschigen Schwanz nehmen, bliebe einfach ein Monster übrig … Aber ein ausgesprochen fingerfertiges!

Denn seine Pfoten ähneln Affenhänden. Dadurch kann es mit spielerischer Leichtigkeit die größten Kapriolen schlagen, wenn es von Zweig zu Zweig hüpft. Man sieht auch, dass seine Pfoten kräftige Knochen haben. Das müssen sie auch, denn Eichhörnchen haben muskulöse Beine und riesige, lange Füße, mit denen sie wahnsinnig weit springen können. Allerdings müssen die Knochen auch stark genug sein, damit sie die Sprünge abfedern können.

Die Zähne des Eichhörnchens können sich ebenfalls sehen lassen. Die unteren Nagezähne sind nicht nur zum Nagen da, sondern dienen auch als Pinzette, um die kleineren Nussstücke aus der Schale zu nesteln. Eichhörnchenzähne wachsen lebenslang weiter, aber weil die Tiere jeden Tag an Eicheln und Nüssen nagen, nutzen sich die Zähne auch ebenso schnell wieder ab. Zum Glück, sonst sähen Eichhörnchen bald aus wie Walrosse!

Trotzdem ist der Schwanz das Imposanteste am Eichhörnchen. Diesen gewaltigen Puschel braucht es, um sein Gleichgewicht zu wahren, wenn es hoch oben in einem Baum über einen dünnen Zweig balanciert. Er ist ein bisschen wie der Stock bei einem Seiltänzer. Außerdem ist dieser Flauscheschwanz auch bei einem Sprung sehr praktisch – damit lässt sich der Kurs in der Luft korrigieren. Fast alle Säugetiere, die in Bäume klettern, haben einen langen Schwanz. Eichhörnchen sind daher sehr clever konstruiert, von Kopf bis Schwanz, von innen und von außen.

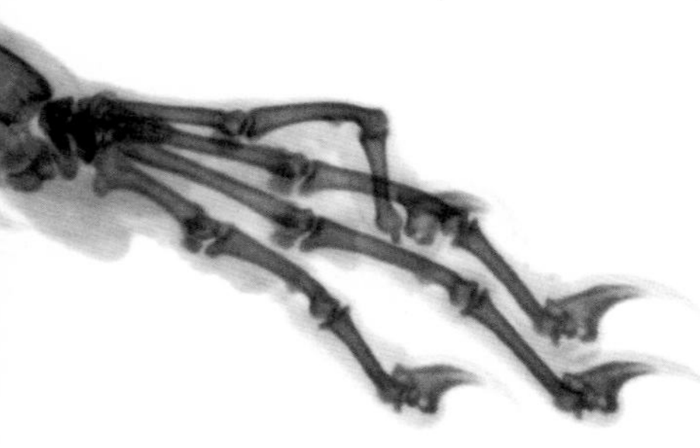

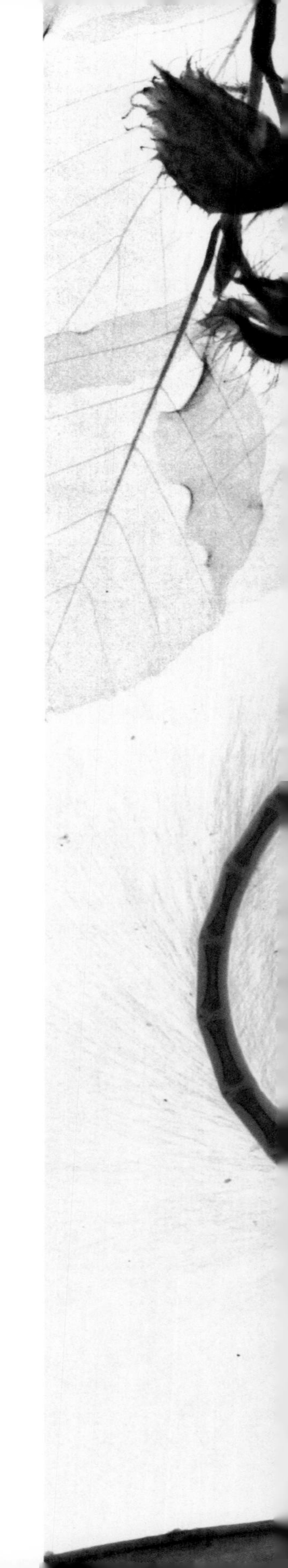

Das Eichhörnchen

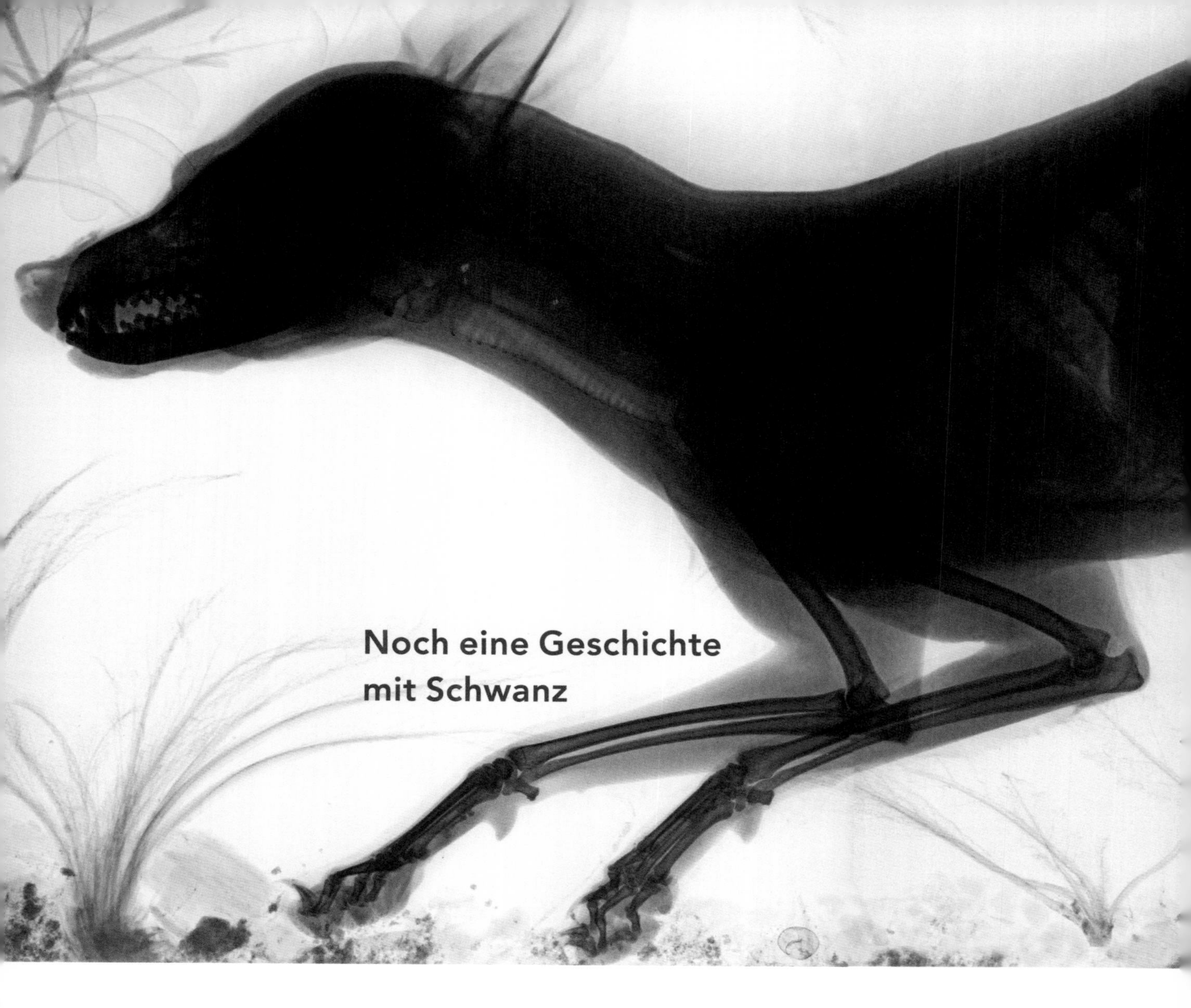

Noch eine Geschichte mit Schwanz

Dieses Tier könnte ein Hund sein oder ein Wolf. Aber es ist ein Fuchs. Und ganz eindeutig ein Männchen, wenn du verstehst, was ich meine. Bloß ... wenn Eichhörnchen lange Schwänze haben, um in Bäume zu klettern – findet man dann auch Füchse in Bäumen? Ja! Manche schlafen sogar dort. Meinst du, der Labrador deiner Nachbarn kann das auch? Vielleicht ja, denn im Internet wimmelt es nur so von Filmen mit Hunden, die in Bäume klettern.

Der Schwanz hilft Füchsen außerdem, ihr Gleichgewicht zu wahren, wenn sie auf der Jagd schnelle Wendungen machen müssen. Und Füchse kommunizieren auch damit. Ein erhobener Schwanz bedeutet zum Beispiel: Ich bin der Boss! Ein gesenkter Schwanz bedeutet Unterwürfigkeit oder

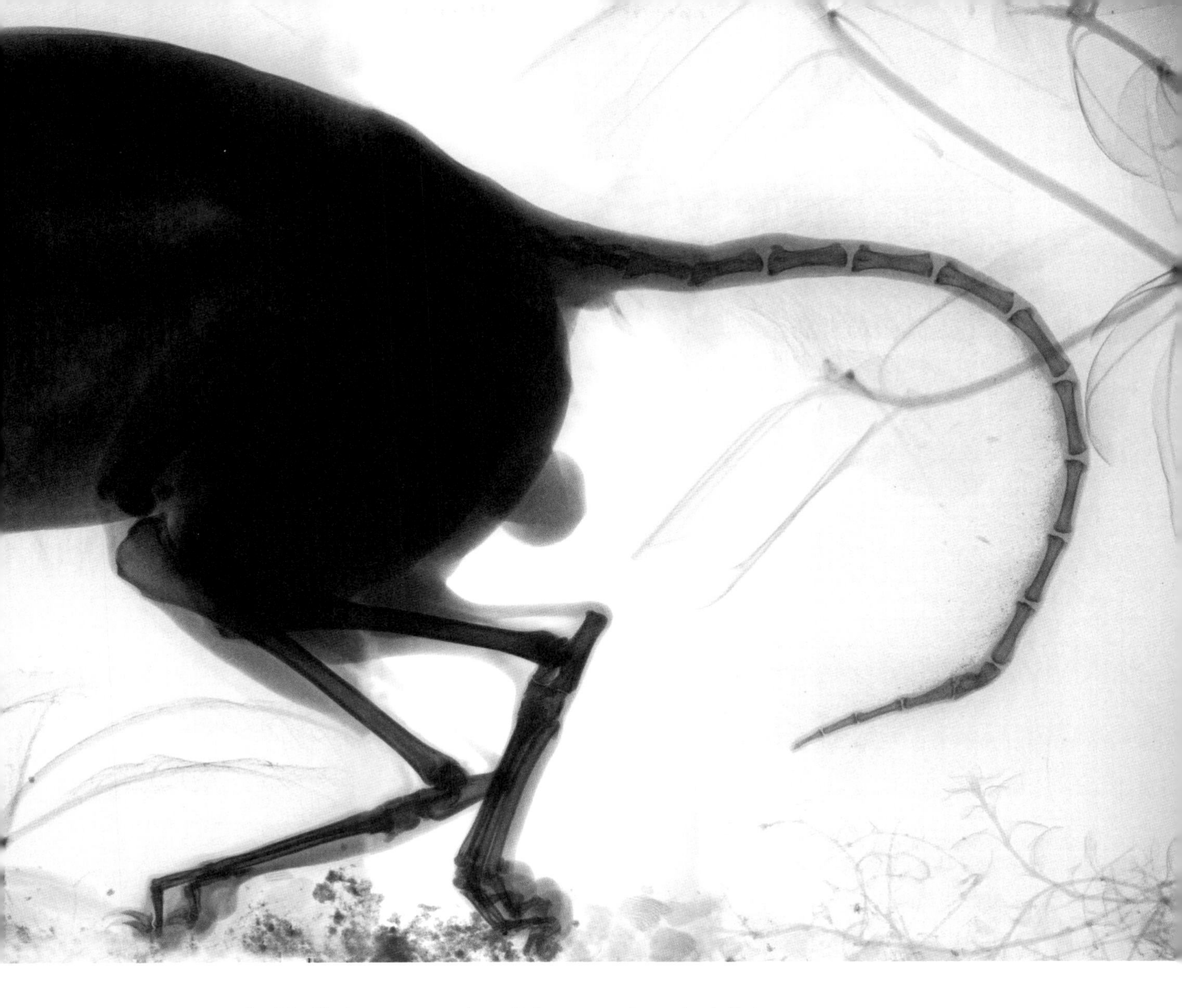

sogar Angst. Und schließlich nutzen sie ihren Schwanz auch noch als Pelz. Wenn es kalt ist, rollen sie sich zusammen und ziehen ihn wie eine warme Decke über sich.

Im Gegensatz zu Wölfen rennen Füchse nicht so gern – nur, wenn sie auf der Flucht sind. Beim Jagen nähern sie sich der Beute lieber schleichend und springen ihre Opfer dann an. Deswegen sind ihre Hinterbeine ein wenig länger als die Vorderbeine. An ihrer besonders langen Ferse befindet sich ein starker Muskel, der ihnen mehr Sprungkraft verleiht. Sich für einen gedeckten Tisch weniger anstrengen und stattdessen mit Köpfchen jagen: schlaue Kerlchen, diese Füchse ...

Lebendiges Skelett

O je. Da haben wir fast das Ende eines Buches voller Knochen erreicht und so viel Wissenswertes über diese Knochen noch gar nicht erwähnt! Doch dieses Foto eignet sich dazu perfekt, denn hier siehst du ein ganz junges Tier. Es ähnelt einem gerade geborenen, schlafenden Rinderkälbchen. Tatsächlich ist es aber nicht das Kalb einer Kuh, sondern ein Rehkitz. Man kann deutlich sehen, dass die Knochen noch nicht „fertig" sind. Sie müssen noch näher zusammenwachsen, vor allem an den Gelenken. Dort befindet sich jetzt noch viel weicher Knorpel, den man auf diesem Röntgenbild nicht oder kaum erkennen kann. Aber so ziemlich alle Knochen sind bei erwachsenen Rehen größer.

Knochen sind nämlich nie fertig. Sie wachsen ein Leben lang weiter. Bei einem Erwachsenen werden sie zwar nicht mehr größer, doch sie erneuern sich immer noch. Nach einigen Jahren sind alle Knochen von Menschen oder Tieren vollständig ausgetauscht. Knochen erhalten dich sogar am Leben, und zwar nicht nur, weil sie dich schützen und deinen Muskeln Halt bieten. Knochen sind nämlich auch Blutfabriken! Hast du dich mal gefragt, woher das Blut in deinem Körper stammt? Nun – aus deinen Knochen. Jede Sekunde produzieren unsere Knochen etwa eine Million neue Blutzellen. Außerdem sorgen Knochen für die Lagerung von Kalk und anderen wichtigen Mineralien.

Im Verhältnis zu ihrem Gewicht sind Knochen außerdem superstark. Viel stärker als Stein, Stahl oder Beton zum Beispiel. Deswegen kannst du froh sein, dass deine Knochen nicht aus einem anderen Material gemacht sind. Sonst wärst du entweder bleischwer oder du würdest häufiger Himmel und Hölle in der Notfallambulanz spielen als auf dem Schulhof. Wir können richtig froh sein über ein solches Skelett in uns!

Vielen Dank, ihr Knochen!

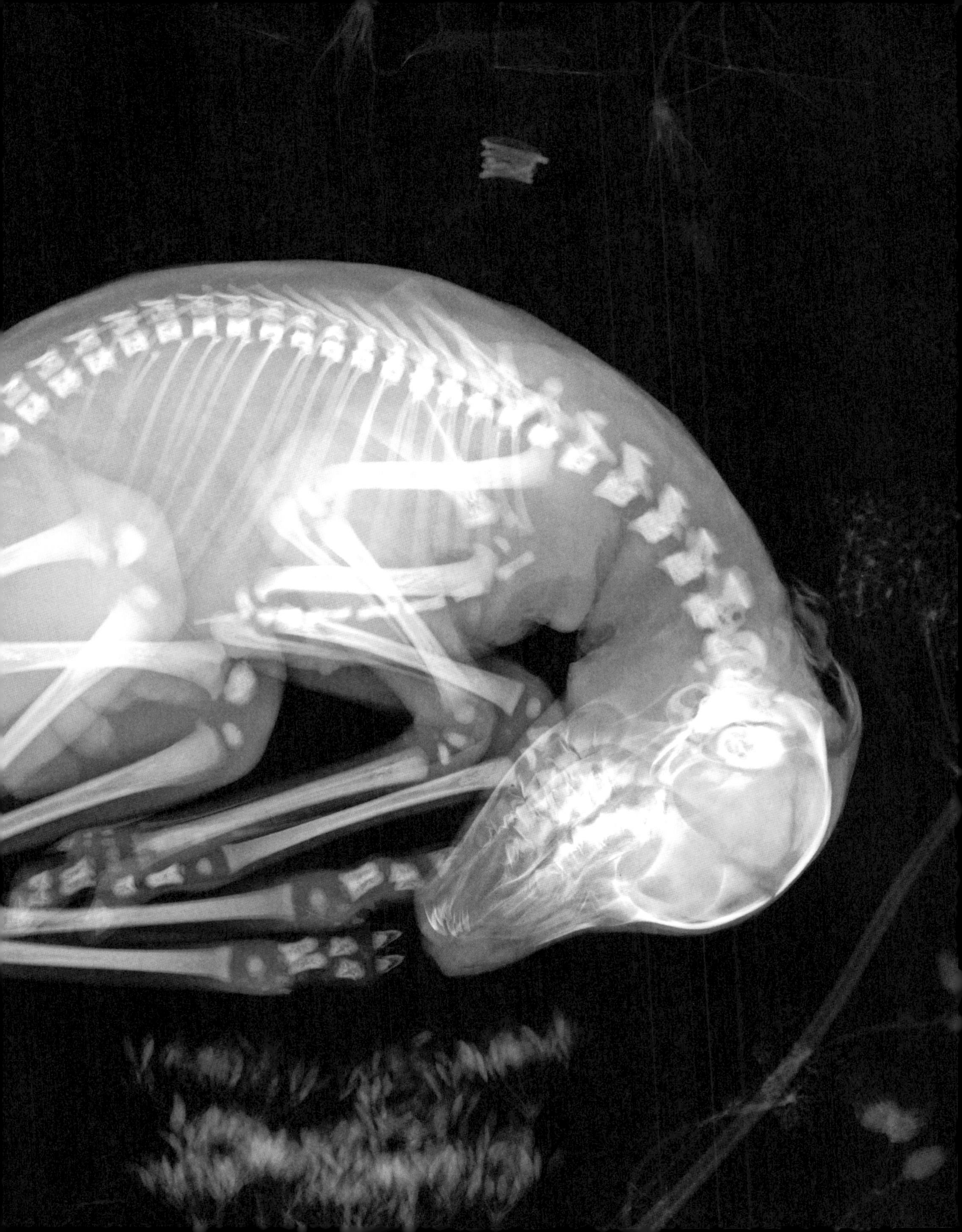

Affenschädel

Das Foto macht dem Namen dieses Tieres wirklich alle Ehre. Totenschädeliger als hier wirst du ein Totenkopfäffchen nicht oft zu Gesicht bekommen. Aber du siehst auch, dass wir mit diesem Tier dem Menschen sehr nahegekommen sind. Es ist ein echter Baumkletterer und braucht deswegen noch einen langen Schwanz, um sein Gleichgewicht auf dünnen, hohen Ästen zu wahren. Menschenaffen wie der Schimpanse und der Bonobo haben keinen Schwanz mehr.

Und doch steckt der wichtigste Unterschied zwischen Menschen und Affen im Schädel. Und du kannst genau sehen, wo: Die Stirn des Affen ist kleiner. Das ist genau der Teil, der Menschen von anderen Tieren unterscheidet. Der Teil, der uns so intelligent macht. Im Allgemeinen lässt sich sagen, dass die Größe des Gehirns bestimmt, wie intelligent ein Tier ist. Wir Menschen haben daher auch ein riesiges Gehirn. Aber Elefanten und Wale haben noch viel größere – sind sie deshalb schlauer? Nein. Es geht darum, welcher Teil des Gehirns am größten ist.

Ganz innen befindet sich das Reptiliengehirn. Das ist sehr wichtig und erhält dich am Leben. Hier wird alles organisiert, worüber du nicht nachzudenken brauchst, wie dein Herzschlag, deine Atmung und die Regulierung deiner Körpertemperatur. Drumherum befindet sich das Säugetiergehirn: Dieser Teil des Gehirns bestimmt deine Gefühle. Reptilien haben das nicht. Du kannst deiner Schildkröte einen unglaublich guten Witz erzählen – lachen wird sie darüber nie. Aber bei Hunden, Katzen und anderen Säugetieren kannst du sehr gut erkennen, in welcher Stimmung sie sich befinden.

Ganz außen ist der Sitz des Menschengehirns, das bei diesem Totenkopfäffchen zum größten Teil fehlt. Die meisten Säugetiere haben nur eine dünne Schicht davon, doch bei uns Menschen ist die Schicht gerade an dieser Stelle sehr dick. Mit diesem Bereich des Gehirns lernst du zum Beispiel eine Sprache, du denkst dir Geschichten aus, erfindest Gerichte wie Pizza Quattro Formaggi, löst Rechenaufgaben und entwirfst Raketen, die in den Weltraum fliegen können.

So, jetzt weißt du alles. Bis auf eins: Die Erfindung der Röntgenstrahlen.

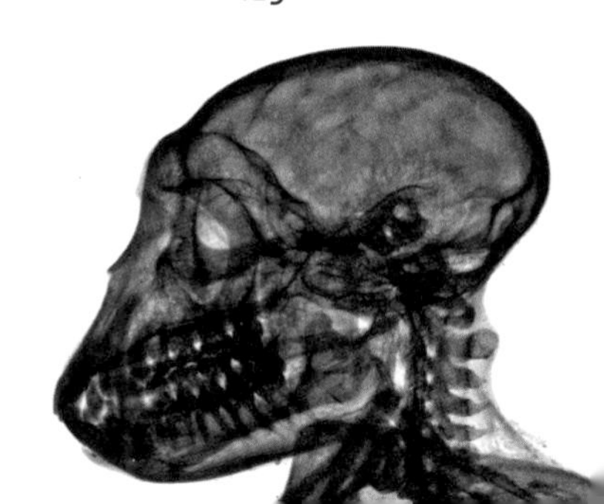

Der Erfinder

November 1895

„Komm schon, Anna", sagt der deutsche Wissenschaftler zu seiner Frau. „Lege deine Hand dahin und bewege sie nicht."
„Ich finde das unheimlich", antwortet Anna. „Außerdem ist es hier so dunkel."
„Ich verspreche dir, es wird dir nichts passieren." Der Wissenschaftler lacht. „Es tut auch nicht weh. Im Gegenteil, du spürst es nicht einmal."
„Muss ich den Ring abnehmen?"
„Nein, behalte ihn ruhig an."
„Also schön, ich bin bereit."
„Ja?"
„Ja. Nein, äh … ja."
„Wirklich, bist du dir sicher?"
„Ja."
„Gut. Dann schau jetzt mal auf den Leuchtschirm."
„Herrje! Was …? Was in aller Welt ist das?"
„Das, meine liebe Anna, ist deine Hand. Mit dem Ring an deinem Finger."
„Nein!", ruft Anna. „Oh nein! Ich habe den Tod gesehen!"

Annas Schrecken ist nur allzu gut verständlich. Ihr Mann, Wilhelm Conrad Röntgen, hat gerade eines seiner ersten Röntgenbilder aufgenommen. Von ihrer Hand. Sie sieht jeden noch so kleinen Knochen. Und ihren Ring. Ihre Hand erscheint auf dem Leuchtschirm wie die eines Skeletts. Da fährt ihr natürlich der Schrecken in die Glieder.

Die Wochen zuvor hat Wilhelm Röntgen fast Tag und Nacht in seinem Laboratorium zugebracht. Denn er hat – durch Zufall, wohlgemerkt – eine Entdeckung gemacht. Sein Forschungsgebiet war die Strahlung. Physiker hatten entdeckt, dass viele bemerkenswerte Dinge auf dem Gebiet der Elektrizität geschehen. Saugt man praktisch alle Luft aus einer Glasröhre und gibt zwei Metallstäbe hinein, entstehen, wenn man das Ganze unter Hochspannung setzt, prachtvolle Farben. Nur aus welchem Grund? Genau das wollte Röntgen herausfinden und machte verschiedene Experimente. Während eines dieser Versuche bemerkte er plötzlich, wie ein Projektionsschirm aufleuchtete.

Und das, obwohl von nirgends Licht einfiel. Der einzige Gegenstand, aus dem Strahlen hätten eindringen können, war die Glasröhre. Doch die war von dicker Pappe umgeben. Die Strahlung musste demnach durch die Pappe hindurchgegangen sein, um einen Schirm in dieser Entfernung aufleuchten zu lassen. So etwas hatte er noch nie erlebt. Bis dahin waren Lichtstrahlen die einzigen Strahlen, die man sehen konnte, aber diese waren völlig anders. Es waren Strahlen, die durch Gegenstände hindurchgehen können. Röntgen hielt seine Hand zwischen die Röhre und den Schirm und sah mit einem Mal den „Schatten", den seine Handknochen auf dem Schirm bildeten. Die allererste Röntgenaufnahme!

Unmittelbar nach dieser Zufallsentdeckung fing Röntgen zu experimentieren an. Wodurch gehen die Strahlen sonst noch? Was hält sie auf? So entdeckte Röntgen, dass die X-Strahlen, wie er sie nannte, zwar durch weiches Gewebe dringen können, nicht aber durch harte Materialien. Deshalb heben sich Knochen und Zähne so gut von Fett und Muskeln ab.

Röntgens Erfindung eroberte die Welt. Er selbst erhielt dafür den Nobelpreis, die bedeutendste wissenschaftliche Auszeichnung, die man nur bekommen kann. Andere Wissenschaftler entwickelten die Erfindung weiter und stellten immer bessere Röntgenapparate her. Die Röntgenstrahlung bietet Ärzten unglaubliche Möglichkeiten: Endlich können sie in einen Menschen hineinsehen, ohne ihn aufschneiden zu müssen. Dank der Röntgenstrahlen können Sicherheitskräfte auf Flughäfen Koffer, ohne sie zu öffnen, nach verbotenen Gegenständen absuchen. Archäologen können das Innere einer Mumie erforschen, ohne sie dabei zu beschädigen. Astronomen können mit einem Röntgenteleskop Objekte beobachten, die kein Licht spenden, wohl aber andere Strahlungen aussenden.

Und wir? Wir wissen dank dieser Entdeckung, dass Schleiereulen in Wirklichkeit halbe Portiönchen sind, Hummeln eine Wespentaille haben, Fledermäuse mit den Händen fliegen, Seezungen Kunstwerken gleichen und dass das Innere oft viel schöner ist als das Äußere.

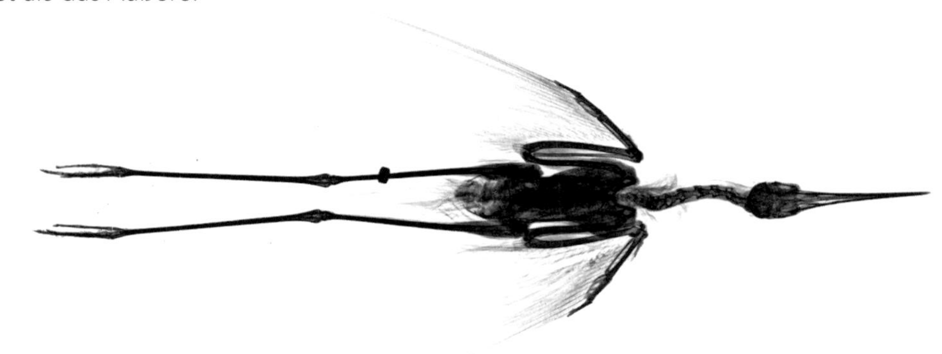